JN088051

EXAMPRESS®

コンクリート技士試験学習書

建築土木
教 科 書

コンクリート技士

合格ガイド｜小久保彰

Kokubo Akira

第2版

SE
SHOEISHA

本書内容に関するお問い合わせについて

このたびは翔泳社の書籍をお買い上げいただき、誠にありがとうございます。弊社では、読者の皆様からのお問い合わせに適切に対応させていただくため、以下のガイドラインへのご協力をお願い致しております。下記項目をお読みいただき、手順に従ってお問い合わせください。

●ご質問される前に

弊社Webサイトの「正誤表」をご参照ください。これまでに判明した正誤や追加情報を掲載しています。

正誤表　https://www.shoeisha.co.jp/book/errata/

●ご質問方法

弊社Webサイトの「書籍に関するお問い合わせ」をご利用ください。

書籍に関するお問い合わせ　https://www.shoeisha.co.jp/book/qa/

インターネットをご利用でない場合は、FAXまたは郵便にて、下記"翔泳社 愛読者サービスセンター"までお問い合わせください。
電話でのご質問は、お受けしておりません。

●回答について

回答は、ご質問いただいた手段によってご返事申し上げます。ご質問の内容によっては、回答に数日ないしはそれ以上の期間を要する場合があります。

●ご質問に際してのご注意

本書の対象を超えるもの、記述個所を特定されないもの、また読者固有の環境に起因するご質問等にはお答えできませんので、予めご了承ください。

●郵便物送付先およびFAX番号

送付先住所　〒160-0006　東京都新宿区舟町5
FAX番号　　03-5362-3818
宛先　　　　（株）翔泳社 愛読者サービスセンター

はじめに

　コンクリート技士は、コンクリートの製造や施工、試験、検査など、コンクリートに関する技術者に求められる資格です。世の中に存在する建築物、土木構造物において、コンクリートを使用しないものはないといっても過言ではありません。近現代の構造物は、骨組が木材であれ鉄骨であれ、その骨組を支える基礎の部分には、必ずといってよいほどコンクリートが用いられます。コンクリートは、その原材料のほとんどを日本で自給できる製品です。コンクリート構造は、鋳型となる型枠によって、自由な造形が可能となるのも魅力です。他の製造業とは異なり、一品生産となることの多い建築や土木の分野にとって、うってつけの材料といえるでしょう。

　コンクリート技士試験の出題分野は、多岐にわたります。本テキストは、出題される各分野についての解説が、できるだけ平易になるよう努めました。ご自身が常日頃携わっている業務に関連するなどにより、内容が簡単だと思う場合は、解説部分は読み飛ばして、一問一答形式の練習問題などに取り組んでください。

　あらゆる試験に共通することですが、内容を理解したうえで、過去問題も含めて多くの問題を解くことが合格するための最善の方法といえるでしょう。内容をより深く理解したいという方は、本書の巻末に記した参考図書も是非お読みください。また、本書を読まれる方の多くは、業務多忙な毎日をお過ごしのことと思います。そのような方は、通勤電車の中や昼食時などのすき間時間の有効活用が鍵となります。コンパクトな本書を常に携帯していただいて、すき間時間にご活用ください。

　本書がみなさまのスキルアップと、コンクリート技士試験合格の一助となりますと幸いです。コンクリート技士の資格取得が、みなさまの技術者としての実力を証明し、活躍の場を広げてくれる建設業界のパスポートとなることを期待しています。

小久保　彰

本書の使い方

　本書は、1冊でコンクリート技士試験の合格を目指す対策書籍です。本試験に出るところを効率的に学べるように、出題範囲をコンパクトにまとめています。

　第1章〜第7章は、初学者でも学習が進めやすい順番で構成しています。大まかな流れとして、コンクリートの材料から始まり、それが構造物となるまでの順序となっています。大きめの文字とゆったりしたレイアウトを採用し、読みにくい漢字や専門用語などにはフリガナをふっています。

各章で学ぶ内容
扉のリード文は、その章で解説する内容について簡潔に示しています。

チェックリスト
マスターしたいポイントの一覧です。チェックボックスを利用して学習の進捗を確認できます

学習のポイント
学習を始めるに当たり、各Sectionで解説する内容の大枠をつかみます。

重要度
試験でよく問われる分野について重要度を★〜★★★で示しています。

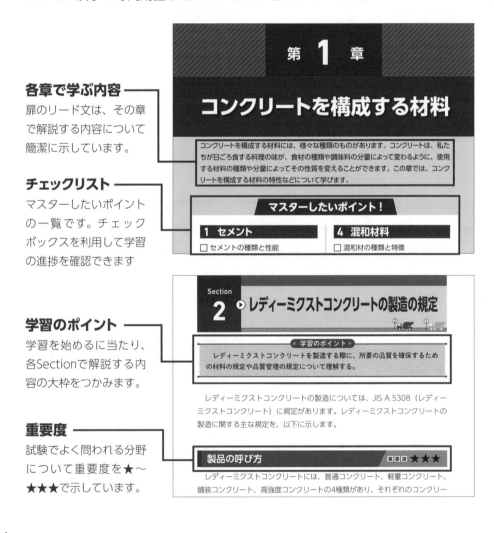

第 **1** 章

コンクリートを構成する材料

コンクリートを構成する材料には、様々な種類のものがあります。コンクリートは、私たちが日ごろ食する料理の味が、食材の種類や調味料の分量によって変わるように、使用する材料の種類や分量によってその性質を変えることができます。この章では、コンクリートを構成する材料の特性などについて学びます。

マスターしたいポイント！

1 セメント
□ セメントの種類と性能

4 混和材料
□ 混和材の種類と特徴

Section **2** ▶ レディーミクストコンクリートの製造の規定

―――― 学習のポイント ――――
レディーミクストコンクリートを製造する際に、所要の品質を確保するための材料の規定や品質管理の規定について理解する。

　レディーミクストコンクリートの製造については、JIS A 5308（レディーミクストコンクリート）に規定があります。レディーミクストコンクリートの製造に関する主な規定を、以下に示します。

製品の呼び方　□□□ ★★★
レディーミクストコンクリートには、普通コンクリート、軽量コンクリート、舗装コンクリート、高強度コンクリートの4種類があり、それぞれのコンクリー

知識解説

重要な用語について、かみ砕いて解説します。

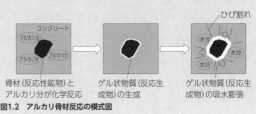

<table>
<tr><th>ミニ知識</th></tr>
</table>

アルカリ骨材反応（アルカリシリカ反応）

コンクリート中のアルカリ分と、骨材中の不安定な特殊鉱物（反応性鉱物）とが化学反応を起こすと、膨張性の高いゲル状の物質（反応生成物）が生成されます。この現象を**アルカリ骨材反応**といいます。アルカリ骨材反応によって生成されたゲル状の物質は、水分を吸収して膨張し、周囲の**コンクリートにひび割れを生じさせる**など、コンクリートの耐久性などを低下させる原因となります。

骨材（反応性鉱物）と　　ゲル状物質（反応生　　ゲル状物質（反応生
アルカリ分が化学反応　　成物）の生成　　　　　成物）の吸水膨張

図1.2　アルカリ骨材反応の模式図

豊富な図表

写真や図表などビジュアル要素を数多く掲載しています。

計算問題

正答に必要となる計算問題対策として例題を示し、答え方の導き方を解説しています。

計算問題要点チェック①

粗骨材のふるい分け試験の結果が下表となったときの、粗粒率を求めよ。また、この粗骨材の最大寸法を答えよ。

ふるいの呼び寸法(mm)	30	25	20	15	10	5	2.5	1.2	0.6	0.3	0.15
各ふるいにとどまる質量分率(%)	0	4	30	44	68	93	99	100	100	100	100

解答

粗粒率は、表のふるいの呼び寸法のうち、80、40、20、10、5、2.5、1.2、0.6、0.3、0.15mmの各ふるいに対応する、20、10、5、2.5、1.2、0.6、0.3、0.15mmのふるいにとどまる骨材の全体に対する質量分率の合計を100で割って求めます。

ふるいの呼び寸法(mm)	30	25	20	15	10	5	2.5	1.2	0.6	0.3	0.15
各ふるいにとどまる質量分率(%)	0	4	30	44	68	93	99	100	100	100	100

一問一答

単元ごとに実力をチェックできる一問一答を用意しています。

一問一答要点チェック

問　粗骨材に川砂利を用いたフレッシュコンクリートは、流動性が [①向上、②低下] する。
正解　①向上

解説

川砂利のように、球形に近い丸みを帯びた形状の骨材は、フレッシュコンクリートの流動性を向上させます。

問　溶融スラグ骨材は、[①溶鉱炉で生成される溶融スラグを水で急冷して粒度調整した、②下水汚泥やそれらの焼却灰などを溶融して固化した] 骨材である。
正解　②下水汚泥やそれらの焼却灰などを溶融して固化した

第1章　コンクリートを構成する材料

模擬試験

巻末には模擬試験（筆者オリジナル）を掲載しています。学習の到達度を確認するのに最適です。

本書の使い方　　v

試験情報—コンクリート技士

公益社団法人日本コンクリート工学会による認定資格です。「コンクリート技士」の上位資格に「コンクリート主任技士」があります。

「コンクリート技士」は、コンクリートの製造、施工、配（調）合設計、試験、検査、管理および設計など、日常の技術的業務を実施する能力のある技術者とされます。コンクリート主任技士は、コンクリート技士の能力に加え、研究および指導などを実施する能力のある高度の技術を持った技術者とされます。

コンクリート技士およびコンクリート主任技士は、国土交通省『土木工事共通仕様書』等において「コンクリートの製造、施工、試験、検査及び管理などの技術的業務を実施する能力のある技術者」と規定されているほか、土木学会『コンクリート標準示方書』、日本建築学会『建築工事標準仕様書 JASS 5 鉄筋コンクリート工事』において、「コンクリート構造物の施工に関して十分な知識および経験を有する専門技術者」と位置づけられています。

試験は同日に行われるため、コンクリート技士とコンクリート主任技士の両方を同時に受験することはできません。

■ 実施概要

コンクリート技士試験の実施概要は以下の通りです。

試験日	11月第4日曜日（年1回）
試験地	札幌、仙台、東京、名古屋、大阪、広島、高松、福岡、沖縄
試験方式	筆記試験 計40問程度（四肢択一式問題）
試験時間	120分（13:30〜15:30）
受験願書代金	1,000円
受験料	12,100円

■ 試験スケジュール

試験の申込みから登録までの流れは以下のとおりです。

受験願書販売	7月初旬〜8月中旬
受験願書提出	8月初旬〜9月初旬
受験票の送付	11月初旬発送予定
試験実施	11月第4日曜日
合否通知の送付	1月中旬発送予定
登録申込	1月中旬〜2月初旬
登録証の送付	3月下旬発送予定

合格者が登録の手続きを行うと、「登録証」が発行され、資格が付与されます。

■ 受験資格

学歴によってコンクリート技術関係業務の必要実務経験が異なります。

大学や短期大学、高等専門学校、高等学校などで、規定の科目を履修し卒業した者は2年以上、その他は3年以上の実務経験が必要です。

資格取得者（コンクリート診断士、一級建築士、技術士（建設部門／農業土木）、土木技術者、RCCM、コンクリート構造診断士、1級土木施工管理技士、1級建築施工管理技士）は不問です。

■ 試験で問われる内容

下記における基礎的な知識と理解力が問われます。ただし、試験日からさかのぼって1年以内に制定されたJISおよび改正された基準類（JIS、コンクリート標準示方書、JASS5等）中の変更事項については出題の対象とされません。

- 土木学会コンクリート標準示方書
- 日本建築学会建築工事標準仕様書 JASS5 鉄筋コンクリート工事
- コンクリート用材料の品質、試験および管理
- コンクリートの配（調）合設計
- コンクリートの試験
- プラントの計画管理
- コンクリートの製造および品質管理
- コンクリートの施工
- コンクリートに関わる環境問題
- その他
- 関係法令およびコンクリート関係のJIS

■ 試験実施団体

公益社団法人日本コンクリート工学会

〒102-0083　東京都千代田区麹町1-7　相互半蔵門ビル12F

Tel：03-3263-1571　Fax：03-3263-2115

■ Web サイト

日本コンクリート工学会

https://www.jci-net.or.jp

CONTENTS

第 1 章 コンクリートを構成する材料 ……… 001

第6章　各種コンクリートおよびコンクリート二次製品 ·· 193

第7章　コンクリート構造の設計 …………… 227

コンクリート技士模擬試験 …… 271

コンクリートを構成する材料

コンクリートを構成する材料には、様々な種類のものがあります。コンクリートは、私たちが日ごろ食する料理の味が、食材の種類や調味料の分量によって変わるように、使用する材料の種類や分量によってその性質を変えることができます。この章では、コンクリートを構成する材料の特性などについて学びます。

マスターしたいポイント！

1 セメント

- [ ] セメントの種類と性能
- [ ] 水和反応、水和熱、凝結
- [ ] セメントの組成化合物の種類と特徴

2 骨材

- [ ] 骨材の種類と品質
- [ ] 含水状態の区分、吸水率と表面水率の計算
- [ ] 実積率、最大寸法
- [ ] 粗粒率の計算
- [ ] 骨材の試験方法

3 水

- [ ] 練り混ぜに用いる水の種類と特徴
- [ ] 回収水（上澄水とスラッジ水）の品質の規定と使用時の注意事項

4 混和材料

- [ ] 混和材の種類と特徴
- [ ] ポゾラン反応と潜在水硬性
- [ ] 混和剤の種類と特徴
- [ ] エントレインドエアとエントラップトエア

5 補強材

- [ ] 補強材の種類と特徴
- [ ] 補強材の機械的性質（力学的特性）
- [ ] 応力度とひずみ度
- [ ] 降伏点、耐力、引張強さ
- [ ] 弾性係数（ヤング係数）

━━━━ 学習のポイント ━━━━

　JISで規定されているセメントの種類と、それらセメントに制定される性能と試験方法の規格について理解する。

　コンクリートは、**セメント**と**水**、**砂利（粗骨材）**と**砂（細骨材）**を主要な材料として構成されています。セメントと水、砂により構成されるのがモルタルです。ここでは、セメントについて学びます。

セメントペースト
（セメントと水でできたペースト）　　砂（細骨材）

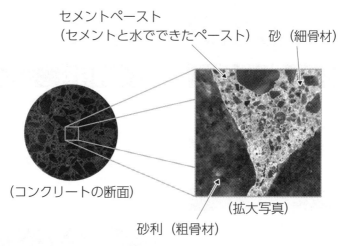

（コンクリートの断面）

（拡大写真）

砂利（粗骨材）

写真1.1　硬化したコンクリートの切断面

　セメントは、**水と反応（水和反応）して硬化する鉱物質の微粉末**で、ポルトランドセメントや混合セメントなどがあります。

　セメントは、**水と接触すると化学反応を生じて徐々に固まっていきます。**この反応を、水和反応といいます。**水和反応を生じると水和物（水とセメントとの化合物、セメント水和物）が生成され、時間の経過とともにセメント粒子間を水和物が埋めていき、硬化が進みます。**セメントと水を練り混ぜた当初はや

わらかく流動性があるのですが、水和反応によって流動性が徐々に失われていくわけです。このとき、**硬化の初期段階**を凝結といいます。また、**水和反応の際に生じる反応熱**を、**水和熱**といいます。

　セメントは、一般に**クリンカー**に**せっこう**を加えて製造されます。せっこうには、セメントの硬化を遅らせる働きがあり、施工時間を調整するために用いられます。クリンカーは、石灰石、粘土、けい石、鉄原料を粉砕・混合し**1450℃程度の高温で焼成**して作られます。セメントは日本産業規格（Japanese Industrial Standards、以下JIS）により、性能や試験方法が規定されています。ここでは、JISで規定されているセメントについて、性能および試験方法に関する規定の内容などを学びます。

クリンカー　　　　　＋　　　せっこう　　　＝　　　セメント
（石灰石、粘土、けい石、鉄原料）

図1.1　セメントの構成例の概略

　セメントが外気に接触すると、空気中の水分と反応して風化を生じます。 セメントは、**風化すると一般に密度が低下**して、**強熱減量（熱によって減る質量）が大きくなります。** 強熱減量の増加は、凝結異常や圧縮強さ低下の原因となります。強熱減量は、材料を強く熱した場合の質量の減少率で、強熱減量試験によって算出されます。セメントの風化の程度やフライアッシュの未燃炭素量（完全に燃焼せずに残った炭素の量）などを確認する指標になります。

セメントの種類　　　　　　重要度 ★★★

　JISで規定されているセメントは、**ポルトランドセメント**、**混合セメント**、その他のセメント（**エコセメント**）に大別されます。ポルトランドセメントは主にクリンカーとせっこうで構成され、混合セメントは、そのポルトランドセ

メント（または、クリンカー、せっこう、少量混合成分）に高炉スラグやシリカ質混合材、フライアッシュなどを混合させたもの、その他のセメントに分類されるエコセメントは、都市ごみの焼却灰を主とするエコセメントクリンカーを主原料とするセメントです。なお、JISに規定されていないセメントとして、膨張性セメントや低発熱セメント、白色ポルトランドセメントなどがあります。

表1.1　JISで規定されているセメントの種類

JISで規定されているセメント				
ポルトランドセメント (JIS R 5210)	混合セメント			その他のセメント
	高炉セメント (JIS R 5211)	シリカセメント (JIS R 5212)	フライアッシュセメント (JIS R 5213)	エコセメント (JIS R 5214)
● クリンカー＋せっこう ● クリンカー＋せっこう＋少量混合成分	● ポルトランドセメント＋せっこう＋高炉スラグ ● クリンカー＋せっこう＋少量混合成分＋高炉スラグ	● ポルトランドセメント＋せっこう＋シリカ質混合材 ● クリンカー＋せっこう＋少量混合成分＋シリカ質混合材	● ポルトランドセメント＋せっこう＋フライアッシュ ● クリンカー＋せっこう＋少量混合成分＋フライアッシュ	● 普通エコセメントクリンカー＋せっこう＋石灰石

セメントの組成化合物　　重要度 ★★★

　セメントの原料である**クリンカー**は、**けい酸三カルシウム**（略号：C_3S）、**けい酸二カルシウム**（略号：C_2S）、**アルミン酸三カルシウム**（略号：C_3A）、**鉄アルミン酸四カルシウム**（略号：C_4AF）の四種類の組成化合物を主として構成**されています。これらの**組成化合物は、それぞれ水和反応の速度が異なっており、組成化合物の構成比率を変えることで、特性の異なるセメントを製造することができます。**次表に、各組成化合物の特徴をまとめます。

表1.2　セメントクリンカーを構成する主な組成化合物の特徴比較

組成化合物名	略号	特　徴			
		水和反応速度	強度発現早さ	水和熱	化学抵抗性
けい酸三カルシウム	C_3S	速い	早期	中	中
けい酸二カルシウム	C_2S	遅い	ゆっくり	小	大
アルミン酸三カルシウム	C_3A	最も速い	超早期	大	小
鉄アルミン酸四カルシウム	C_4AF	とても速い	関係しない	小	中

　けい酸三カルシウム（略号：C_3S）を多く含むセメントは、**水和反応のスピードが速く**、早期に**強度が発現**します。けい酸二カルシウム（略号：C_2S）を多く含むセメントは、**水和反応のスピードが遅く**、強度の発現が遅くなります。アルミン酸三カルシウム（略号：C_3A）は、**水和反応のスピードが大変速く**、超早期の**強度発現**が可能となります。ただし、**硫酸塩などに対する抵抗性（化学抵抗性）は小さい**という特徴もあります。なお、**鉄アルミン酸四カルシウム**（略号：C_4AF）については、強度にあまり関係しないことが知られています。

ミ　ニ　知　識

化学抵抗性

コンクリートの硫酸塩などに対する抵抗性や耐久性を、化学抵抗性と呼んでいます。コンクリートのセメント中に含まれる**アルミン酸三カルシウム**（略号：C_3A）と、海水や地下水などに含まれる**硫酸塩**とが**反応する**と、**エトリンガイト**という**水和物が生成**されます。エトリンガイトは、それ自体が強度を持つものであり、**多量に生成される**とコンクリートの体積を膨張させ、**ひび割れ発生**の原因となります。

ポルトランドセメント　　　　重要度 ★★★

　セメント生産量全体の70％近くを占め、その多さから一般にセメントといえばポルトランドセメントのことを指します。ポルトランドセメントは、JIS

R 5210（ポルトランドセメント）により普通ポルトランドセメント、早強ポルトランドセメント、超早強ポルトランドセメント、中庸熱ポルトランドセメント、低熱ポルトランドセメント、耐硫酸塩ポルトランドセメント、および、これらの低アルカリ形の12種類が規定されています。

表1.3　JISで規定されているポルトランドセメントの種類とその構成

セメントの種類		クリンカーおよびせっこうの含量	少量混合成分の含量
ポルトランドセメント（JIS R 5210）	普通ポルトランドセメント	95% 以上100% 以下	0% 以上5% 以下
	普通ポルトランドセメント（低アルカリ形）		
	早強ポルトランドセメント		
	早強ポルトランドセメント（低アルカリ形）		
	超早強ポルトランドセメント		
	超早強ポルトランドセメント（低アルカリ形）		
	中庸熱ポルトランドセメント	100%	0%
	中庸熱ポルトランドセメント（低アルカリ形）		
	低熱ポルトランドセメント		
	低熱ポルトランドセメント（低アルカリ形）		
	耐硫酸塩ポルトランドセメント		
	耐硫酸塩ポルトランドセメント（低アルカリ形）		

　ポルトランドセメントは、「クリンカーおよびせっこう」で構成されています。なお、JISでは普通ポルトランドセメント、早強ポルトランドセメント、超早強ポルトランドセメントに、**少量混合成分**（高炉スラグ、シリカ質混合材、フライアッシュ（Ⅰ種、Ⅱ種）、石灰石の4種類）を用いてもよいことが規定されており、その**含量は質量で5%以下**となっています。

　低アルカリ形セメントは、アルカリ骨材反応を抑制するために、セメント中の全アルカリ量を0.6 %以下に規定したセメントです。

ミニ知識

アルカリ骨材反応（アルカリシリカ反応）

コンクリート中のアルカリ分と、骨材中の不安定な特殊鉱物（反応性鉱物）とが化学反応を起こすと、膨張性の高いゲル状の物質（反応生成物）が生成されます。この現象を**アルカリ骨材反応**といいます。アルカリ骨材反応によって生成されたゲル状の物質は、水分を吸収して膨張し、周囲の**コンクリートにひび割れを生じさせる**など、**コンクリートの耐久性などを低下させる原因**となります。

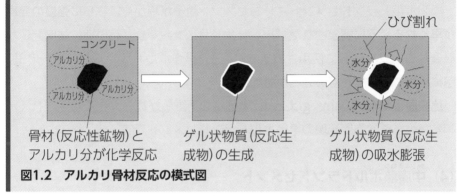

骨材（反応性鉱物）と
アルカリ分が化学反応

ゲル状物質（反応生
成物）の生成

ゲル状物質（反応生
成物）の吸水膨張

図1.2 アルカリ骨材反応の模式図

各ポルトランドセメントの特徴を、以下に示します。

（1）普通ポルトランドセメント

　一般的なコンクリートに使用される、汎用性の高いポルトランドセメントです。建設工事において最も多く使用されています。比表面積が2,500cm²/g以上と規定され、比較的水和熱が小さいポルトランドセメントです。

　比表面積は**セメント粒子の細かさ（粉末度）を表す**もので、**数値が大きいほど細かい粒子**であることを意味します。セメントの粒子が細かいほど水と反応する表面積が増えるので、水和反応が活発になり、水和熱が大きく、強度の発現が早くなります。

（2）早強ポルトランドセメント

　普通ポルトランドセメントに比べて、**けい酸三カルシウム（略号：C₃S）を多く、セメント粒子を細かく、強度の発現が早くなるように調整された**ポルト

ランドセメントです。早期に強度発現が必要なコンクリートに使用されます。3日で普通ポルトランドセメントの7日目に相当する強度を得ることが可能です。

比表面積が3,300cm²/g以上と規定され、**水和熱が大きく、強度発現の早い**ポルトランドセメントです。

(3) 超早強ポルトランドセメント

早強ポルトランドセメントよりも**セメント粒子が細かく、さらに強度の発現が早くなるように調整**されたポルトランドセメントです。超早期に強度発現が必要なコンクリートに使用されます。1日で早強ポルトランドセメントの3日目に相当する強度を得ることが可能です。

比表面積が4,000cm²/g以上と比表面積の下限値が最も大きく規定され、水和熱が大きく、強度発現の早いポルトランドセメントです。

(4) 中庸熱ポルトランドセメント

普通ポルトランドセメントに比べて、**けい酸三カルシウム（略号：C_3S）を少なくし、けい酸二カルシウム（略号：C_2S）を多くして、水和熱が小さくなる**ように調整されたポルトランドセメントです。発熱量が大きく、温度ひび割れを生じやすい、**部材の寸法が大きいマスコンクリート**や、単位セメント量の多い**高強度コンクリート**など、**発熱を抑えたいコンクリートに使用**されます。

けい酸三カルシウム（略号：C_3S）が**50%以下**、アルミン酸三カルシウム（略号：C_3A）が**8%以下**と、水和反応、強度発現を早める化合物の上限を**規定**した、比較的水和熱が小さいポルトランドセメントです。

(5) 低熱ポルトランドセメント

中庸熱ポルトランドセメントからさらに、**けい酸三カルシウム（略号：C_3S）を少なくし、けい酸二カルシウム（略号：C_2S）を多くして、より水和熱が小さくなる**ように調整されたポルトランドセメントです。

けい酸二カルシウム（略号：C_2S）が**40%以上**、アルミン酸三カルシウム（略号：C_3A）が**6%以下**と、主に水和反応、強度発現を遅くする化合物の下

限を**規定**した、水和熱が小さいポルトランドセメントです。

(6) 耐硫酸塩ポルトランドセメント

　セメント中の**アルミン酸三カルシウム**（略号：C_3A）を**少なくして**、耐硫酸塩などに対する抵抗性（**化学抵抗性**）を**高めた**セメントです。

　アルミン酸三カルシウム（略号：C_3A）を**4%以下**と、硫酸塩と反応してエトリンガイト生成の原因となる化合物の下限を**規定**した、化学抵抗性の高いセメントです。

　次の表に、各ポルトランドセメントの特徴をまとめます。

表1.4　各ポルトランドセメントの特徴

ポルトランドセメントの種類	比表面積（cm^2/g）	鉱物組成（JISの規定）			チェックポイント
		C_3S	C_2S	C_3A	
普通ポルトランドセメント	2500以上	規定なし	規定なし	規定なし	一般的なコンクリートに使用 比表面積が小＝水和熱が小
早強ポルトランドセメント	3300以上	規定なし	規定なし	規定なし	早期に強度発現が必要なコンクリートに使用 比表面積が大＝強度発現が早＝水和熱が大 → 比表面積の下限値が**規定**
超早強ポルトランドセメント	4000以上	規定なし	規定なし	規定なし	
中庸熱ポルトランドセメント		50%以下	規定なし	8%以下	発熱を抑えたいコンクリートに使用 C_3S・C_3Aが小＝水和熱が小 → C_3S・C_3Aの上限が**規定**
低熱ポルトランドセメント	2500以上	規定なし	40%以上	6%以下	発熱を抑えたいコンクリートに使用 C_2Sが大＝水和熱が小 → C_2Sの下限が**規定**
耐硫酸塩ポルトランドセメント		規定なし	規定なし	4%以下	硫酸塩に対する抵抗性（化学抵抗性）が必要なコンクリートに使用 → C_3Aの上限が**規定**

比表面積

比表面積とは、セメントのような粉体に含まれる全粒子の**表面積の総和**で、単位質量当たりの表面積（cm^2/g など）で表します。比表面積は、**粒子が小さいほど大きな値**になります。

例えば、下図のような1辺の長さがaの立方体を上下に分割しても体積の総量は変わりませんが、分割することで表面積は切断面の分だけ増えることになります。このように、粒子は細かくなるほど比表面積が大きくなります。

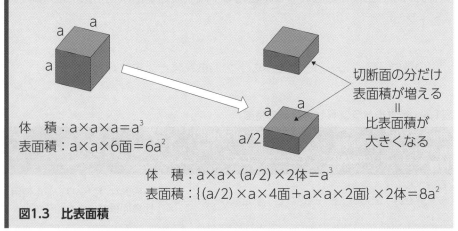

体　積：$a×a×a=a^3$
表面積：$a×a×6面=6a^2$

切断面の分だけ
表面積が増える
＝
比表面積が
大きくなる

体　積：$a×a×(a/2)×2体=a^3$
表面積：$\{(a/2)×a×4面+a×a×2面\}×2体=8a^2$

図1.3　比表面積

混合セメント　　　　　重要度 ★★★

　混合セメントは、クリンカーとせっこうに、高炉スラグやシリカ質混合材、フライアッシュを混合させることで、**コンクリートの強度や水密性、化学抵抗性を高めることを目的としたセメント**です。

　高炉スラグやシリカ質混合材、フライアッシュは、単体ではセメントのように水と反応して硬化することはありません。しかし、**セメントと水との水和反応に影響を受けて硬化**します。**混合セメントは、普通ポルトランドセメントと比べて水和熱が低く、長期にわたり強度が増加**します。

　混合材として使用される**高炉スラグ、シリカ質混合材、フライアッシュ**は、**セメントに比べて密度が小さく、軽い**という特徴があります。

　各混合セメントの特徴を、以下に示します。

(1) 高炉セメント

　高炉セメントは、クリンカーとせっこうに、高炉スラグ微粉末を混合したセメントです。

　高炉セメントは、JIS R 5211（高炉セメント）により規定されており、「ポルトランドセメントと高炉スラグで構成されるもの」と、「クリンカー、せっこう、少量の混合成分、高炉スラグで構成されるもの」があります。また、使用する**高炉スラグの分量によってA種、B種、C種の3種類が規定**されています。

表1.5　JISで規定されている高炉セメントの種類

セメントの種類		高炉スラグの分量
高炉セメント （JIS R 5211）	A種	5%を超え30%以下
	B種	30%を超え60%以下
	C種	60%を超え70%以下

(2) シリカセメント

　シリカセメントは、クリンカーとせっこうに、火山灰等のシリカ質混合材を混合したセメントです。

　シリカセメントは、JIS R 5212（シリカセメント）により規定されており、「ポルトランドセメントとシリカ質混合材で構成されるもの」と、「クリンカー、せっこう、少量の混合成分、シリカ質混合材で構成されるもの」とがあります。また、使用するシリカ質混合材の分量によってA種、B種、C種の3種類が規定されています。

表1.6　JISで規定されているシリカセメントの種類

セメントの種類		シリカ質混合材の分量
シリカセメント （JIS R 5212）	A種	5%を超え10%以下
	B種	10%を超え20%以下
	C種	20%を超え30%以下

シリカセメントは、セメントと水の水和反応に加え、それに伴って生じるポゾラン反応によって硬化します。ポゾラン反応は、セメントの水和によって生成された水酸化カルシウムと、火山灰などのガラス質物質が反応して、結合能力を持つ化合物を生成する現象です。ポゾラン反応が進むことによって、コンクリート組織が緻密化し、コンクリートの強度や耐久性が向上します。

（3）フライアッシュセメント

　フライアッシュセメントは、クリンカーとせっこうに、火力発電所などのボイラから回収された微細な石炭灰であるフライアッシュを混合したセメントです。

　フライアッシュセメントは、JIS R 5213（フライアッシュセメント）により規定されており、「ポルトランドセメントとフライアッシュで構成されるもの」と、「クリンカー、せっこう、少量の混合成分、フライアッシュで構成されるもの」があります。また、使用するフライアッシュの分量によってA種、B種、C種の3種類が規定されています。

表1.7　JISで規定されているフライアッシュセメントの種類

セメントの種類		フライアッシュの分量
フライアッシュセメント（JIS R 5213）	A種	5%を超え10%以下
	B種	10%を超え20%以下
	C種	20%を超え30%以下

エコセメント　　　　　　　　　重要度 ★★★

　エコセメントは、JIS R 5214（エコセメント）により規定されており、その特徴によって普通エコセメントと速硬エコセメントの2種類があります。普通エコセメントは、塩化物イオン量がセメント質量の0.1%以下のもので、普通ポルトランドセメントに類似する性質を持っています。速硬エコセメントは、塩化物イオン量がセメント質量の0.5%以上1.5%以下のもので、速硬性を持つ

セメントです。

エコセメントは上述のように、**普通ポルトランドセメントに比べて規定される塩化物イオン量が高い**（普通ポルトランドセメントはセメント質量の0.035%以下）という特徴があります。塩化物量の多いコンクリートを鉄筋コンクリート造に用いると、鉄筋の腐食を促進して構造物の耐久性を低下させる危険性があります。そのような意味で、**相対的に使用するセメント量の多い高強度コンクリート**を用いる鉄筋コンクリート造などには、**エコセメントの使用は適していません。**

セメントの強さ　　　　重要度 ★★★

ポルトランドセメントの強さは、比表面積の大きさや組成化合物の含有量によって異なります。JISにおいて材齢（セメントと水を練り混ぜてからの経過日数）ごとに下表のように規定されています。

表1.8　ポルトランドセメントの圧縮強さ

セメントの種類		圧縮強さ (N/mm^2)				
		1日	3日	7日	28日	91日
ポルトランドセメント (JIS R 5210)	普通ポルトランドセメント	−	12.5以上	22.5以上	42.5以上	−
	早強ポルトランドセメント	10.0以上	20.0以上	32.5以上	47.5以上	−
	超早強ポルトランドセメント	20.0以上	30.0以上	40.0以上	50.0以上	−
	中庸熱ポルトランドセメント	−	7.5以上	15.0以上	32.5以上	−
	低熱ポルトランドセメント	−	−	7.5以上	22.5以上	42.5以上
	耐硫酸塩ポルトランドセメント	−	10.0以上	20.0以上	40.0以上	−

表から、それぞれのセメントの特徴を以下に示します。

- 早強、超早強ポルトランドセメントは、材齢1日の強度が規定されている
- 低熱ポルトランドセメントは、材齢91日の強度が規定されている
- 材齢ごとの圧縮強さは、「低熱 < 中庸熱 < 耐硫酸塩 < 普通 < 早強 <超早強」の順で高くなる

ミニ知識

材齢

コンクリートの強度は、一般に材齢28日における圧縮強度（4週強度）で表します。

材齢とは、コンクリートを練り始めてからの経過した時間（日数）のことで、人間でいえば年齢のようなイメージです。下図は、材齢28日の圧縮強度を100%としたときの、材齢による圧縮強度の変化を表した模式図です。圧縮強度は最初に急速に上昇して28日ほどで安定し、その後は長期間にわたってゆるやかに上昇します。このように圧縮強度は材齢28日でほぼ安定することから、材齢28日を基準としています。

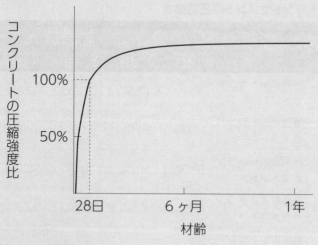

図1.4　材齢と圧縮強度比

問 普通ポルトランドセメントは、少量混合成分を質量で ［①5、② 10］％まで用いてもよい。

正解 ①5

解説

JIS R 5210において、少量混合成分の合量が質量で**0％以上5％以下**とすることが規定されています。

問 早強ポルトランドセメントは、比表面積の下限値の規定が普通ポルトランドセメントに比べて ［①大きい、②小さい］。

正解 ①大きい

解説

セメント粒子の比表面積が**大きい**ほど、水との接触面積が増えてセメントの硬化が促進されます。早強ポルトランドセメントは、普通ポルトランドセメントよりも早期に強度を発現させるために、比表面積の下限値が**大きく**規定されています

問 セメントは風化によって強熱減量が ［①大きく、②小さく］ なる。

正解 ①大きく

解説

セメントは、風化すると一般に密度が低下して、強熱減量（熱によって減る質量）が**大きく**なります。強熱減量の**増加**は、凝結異常や圧縮強さ低下の原因となります。

一問一答要点チェック

問 耐硫酸塩ポルトランドセメントは、C_3Aの含有率が　[①大きい、②小さい]。

正解 ②小さい

解説

セメントを構成する組成化合物のうち、化学抵抗性の最も小さいのがC_3A（アルミン酸三カルシウム）です。耐硫酸塩ポルトランドセメントは、C_3Aの含有率を小さくすることで、硫酸塩に対する抵抗性を高めたセメントです。

問 低熱ポルトランドセメントの圧縮強さについては、材齢91日の［①上限値、②下限値］が規定されている。

正解 ②下限値

解説

低熱ポルトランドセメントは、水和熱の低減を目的としたセメントで、他のポルトランドセメントに比べて初期強度が小さいという特徴があります。そこで、長期的には所要の強度に達するように、材齢91日の圧縮強さの下限値が42.5N/mm^{2}以上と規定されています。

問 中庸熱ポルトランドセメントは、高強度コンクリートやマスコンクリートに［①適している、②適していない］。

正解 ①適している

解説

中庸熱ポルトランドセメントは、水和熱の抑制を目的としたセメントで、水和熱の大きくなりやすいマスコンクリートや高強度コンクリートへの使用に適しています。

Section 2 ▶ 骨材

骨材は、コンクリート容積のおよそ7割を占める主要な材料です。コンクリートに使用される**砂利を粗骨材**、**砂を細骨材**といい、これらを**総称して骨材**といいます。セメントと水を混ぜ合わせたセメントペーストは、それだけで強度は高いものの、乾燥による収縮がとても大きいという難点があります。骨材には、コンクリート全体としての乾燥による収縮を低減し、ひび割れの発生を抑える役割があります。

骨材の種類　　　　重要度 ★★★

骨材は、粒子の一つ一つが整った形状をしておらず、それら一つずつの寸法を計測することも困難です。そこで、骨材の大きさは、それが通るあるいはとどまるふるいの目の大きさで表します。

JIS A 0203（コンクリート用語）において、**粗骨材は5mm網ふるいに質量で85%以上とどまる骨材、細骨材は10mm網ふるいを全部通り、5mm網ふるいを質量で85%以上通る骨材**と定義されています。つまり、おおよそ**粒径が5mmより大きいのが粗骨材、小さいのが細骨材**となります。

骨材には、天然骨材と人工骨材があります。天然骨材は自然の岩石や砂によるもので、川砂利や川砂、海砂、工場で岩石を砕いてつくる砕石や砕砂などがあります。

川砂利は丸みを帯びた形状で、これを使用したフレッシュコンクリート（硬化前のコンクリート）は流動性がよくなります。これに対し、**砕石は角張った形状で、コンクリートの流動性や材料分離に対する抵抗性を低下**させます。砕

石のように**粒形のよくない骨材を使用する場合には、流動性をよくするために必要な単位水量が増えるので、セメント量を増やすなどが必要**になります。海砂は、海岸付近の丘陵などで採取されます。塩分を多く含むので、しっかりと洗浄しないと、コンクリート構造物の耐久性を低下させる塩害を生じます。塩害は、コンクリート中の塩化物イオンによって鋼材が腐食して膨張し、コンクリートを内部から押し広げてひび割れや剝離、剝落などの損傷を生じさせる現象です。

人工骨材は人為的につくられた骨材で、下表のものがあります。

表1.9　人工骨材

骨材	特徴
高炉スラグ骨材	溶鉱炉（高温で金属鉱石を溶かし、金属を取り出すための炉）で、せん（銑）鉄と同時に生成する溶融スラグを冷却して、粒度調整（一つ一つの粒の大きさにばらつきがないようにそろえて調整すること）した骨材。
フェロニッケルスラグ骨材	炉でフェロニッケル（鉄とニッケルの合金）と同時に生成する溶融スラグを徐冷、または、水や空気により急冷して粒度調整した骨材。
銅スラグ細骨材	炉で銅と同時に生成する溶融スラグを水で急冷して、粒度調整した細骨材。
電気炉酸化スラグ骨材	電気炉で、溶鋼と同時に生成する溶融した酸化スラグを冷却して、鉄分を除去し、粒度調整した骨材。
溶融スラグ骨材	一般廃棄物や下水汚泥、または、それらの焼却灰を溶融して固化した、コンクリート用溶融スラグ骨材。
再生骨材	**解体したコンクリート塊などを、破砕処理になどによって製造したコンクリート用の骨材。再生骨材は、密度や吸水率によって、最も品質の高い再生骨材H、品質が中位の再生骨材M、品質が低位の再生骨材Lがある。**

骨材は、重さによっても分類されます。普通の岩石よりも密度の小さい骨材を、軽量骨材といいます。コンクリートの質量の軽減に効果があり、屋上のアスファルト防水を紫外線などから保護するための保護コンクリートなど、構造物の最上階のように軽量であることが求められるコンクリートに用いられます。

軽量骨材には、火山作用などによって天然に産出する天然軽量骨材、フライアッシュなどを主な原料として人工的に生産される人工軽量骨材などがあります。

　また、普通の岩石よりも密度の大きい骨材を重量骨材といいます。密度が高い物質ほど、X線やγ線などの放射線が透過しにくいことから、遮蔽用コンクリートなどに用いられます。遮蔽用コンクリートは、原子力発電所などの放射線の外部への逸散を防ぐ必要のある構造物に用いられるコンクリートです。

骨材の品質 重要度 ★ ★ ★

　次の条件を満たすような骨材は、コンクリートに対して良質であるといえます。

(1) 物理的、化学的に安定である

　骨材は熱などに対して、安定である必要があります。コンクリートは気象の変化によって、日常的に**高温や低温、湿潤や乾燥に繰り返しさらされる**ことになります。このとき、**容易に変形が生じるなど、物理的に不安定なものでは困ります**。

　また、**セメントのアルカリ分や外部からの様々な化学物質に対して、容易に反応してしまうような、化学的に不安定な状態も避けなければなりません**。

(2) 弾性係数、強度が大きい（堅硬で強固）

　材料の変形のしにくさを表すものに、弾性係数（ヤング係数）があります。弾性係数が大きいほど、その材料は変形しにくい（伸び縮みしにくい）といえます。骨材が堅硬である、つまり、**弾性係数が大きければ、コンクリートの乾燥による収縮を小さくできます**。また、**骨材の強度**は、**コンクリート強度を左右する一因**になります。コンクリートの強度設計は水セメント比（水とセメントの質量比）で行われますが、骨材の強度が低いと、コンクリートの強度が骨材の強度で決まる（骨材が最初に壊れるので）ことになってしまいます。

（3） 粒形がよい

　粒形がよい骨材（球形に近い立体で、丸みを帯びた形状の骨材）は、フレッシュコンクリートの流動性を向上させ、偏平だったり細かったり、角張った形状の骨材は、コンクリートの流動性や材料分離に対する抵抗性を低下させます。

（4） 粒度分布が適度

　粒子の大きさの構成割合を、粒度といいます。コンクリートは、粒子の大きさの異なる骨材が適度に混ざっている（大小の粒が適度に分布している）必要があります。**骨材の粒度分布が適度でないと、フレッシュコンクリートの流動性や型枠への充填性が得られにくく、また、材料分離が生じやすくなります。**

　同じ大きさの骨材ばかりが詰まった容器は、空隙（くうげき）が多くなります。**大小の骨材が混ざり合っていると、**大きい骨材と大きい骨材のすき間に小さい骨材が入り込み、**空隙は少なくなります。**コンクリートは、骨材と骨材のすき間をセメントペーストが埋めてつくられていると考えることができます。**骨材粒子間の空隙が少なければ、**セメントペーストの量を少なくできる、つまり、ある量のコンクリートをつくるのに必要なセメントと水の量を減らすことができます。これはコンクリートにとって、**品質的にも経済的にも好ましい**といえます。

（5） 有害な量の有害物質を含まない

　海砂には塩分が付着します。**塩分**が含まれると鉄筋を腐食させ、鉄筋コンクリート造の**耐久性を低下**させます。また、陸砂や山砂（おかずな）には、植物の腐食などにより生じた有機不純物を含むものがあります。**有機不純物を一定量以上含むと**水和反応が正常に行われず、凝結を妨げるなど、**硬化不良を起こします。**

　また、**粘土やシルトなどの微細な粒子**や、**軟石**（なんせき）や**死石**（しにいし）（吸水率が大きく比重が小さい石）などの**弱い粒子が一定量以上含まれてしまうと、**硬化コンクリートの品質が著しく低下してしまいます。

骨材の含水状態と比重、吸水率　重要度 ★★★

　コンクリートのおよそ7割を占める骨材は、コンクリートの性能に与える影響の大きい材料です。**骨材の性質を示す指標として、比重と吸水率**があります。**比重は、物質の密度と水（4℃）の密度の比**で、質量が同じ水（4℃）と物質を比べたときに、物質の重さが水（4℃）の何倍であるのかを示します。比重が1より大きければ水に沈み、1より小さければ水に浮きます。**吸水率は、その材料が含むことのできる水の量を百分率で表したもの**です。

　骨材の比重や吸水率は、骨材の含水状態により異なります。**骨材の含水状態は、どの程度の水を含んでいるかによって次の4つに区分**されます。

表1.10　骨材の含水状態

名称	状態
絶対乾燥状態（絶乾状態）	105℃の温度で一定の質量になるまで乾燥し、骨材中に水がほとんどない
空気中乾燥状態（気乾状態）	骨材を空気中で乾燥し、表面に水はなく、骨材内部の空隙に一部水を含む
表面乾燥飽水状態（表乾状態）	表面に水はなく、骨材内部の空隙が水で満たされている
湿潤状態	表面に水があり、骨材内部の空隙も水で満たされている

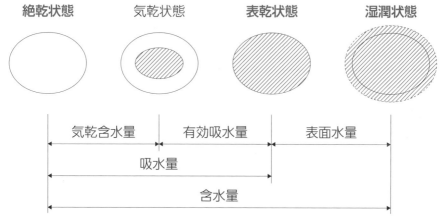

図1.5　骨材の含水状態の模式図

骨材の吸水量は、絶乾状態から表乾状態になるまでに骨材内部に含むことのできる水分量です。つまり、骨材内部の水分のみで、骨材表面の水分は含みません。

　骨材の含水量は、絶乾状態から湿潤状態になるまでに骨材全体に含むことのできる水分量です。つまり、吸水量と表面水量を合わせた水分量です。表面水量は、骨材表面に付着する水分量です。

　骨材の吸水率は、絶乾状態の骨材質量に対する吸水量として百分率で表します。吸水量は、表乾状態の骨材質量から絶乾状態の骨材質量を差し引くことで求めることができます。

$$吸水率 = \frac{表乾状態の骨材質量 － 絶乾状態の骨材質量}{絶乾状態の骨材質量} \times 100 \, (\%)$$

　骨材の**表面水率**は、表乾状態の骨材質量に対する表面水量として百分率で表します。表面水量は、湿潤状態の骨材質量から表乾状態の骨材質量を差し引くことで求めることができます。

$$表面水率 = \frac{湿潤状態の骨材質量 － 表乾状態の骨材質量}{表乾状態の骨材質量} \times 100 \, (\%)$$

計算問題要点チェック

湿潤状態にある骨材 500.0g を表乾状態になるように調整したところ、質量が 492.5g となった。次に、この表乾状態の骨材を 105℃の温度で一定の質量になるまで乾燥したところ、質量が 480.0g となった。この骨材の吸水率と表面水率を求めよ。

解答

　表乾状態の骨材質量が492.5g、絶乾状態（105℃の温度で一定の質量になるまで乾燥した状態）の骨材質量が480.0gであることから、

$$吸水率 = \frac{表乾状態の骨材質量 － 絶乾状態の骨材質量}{絶乾状態の骨材質量} \times 100 \, (\%)$$

$$= \frac{492.5\mathrm{g} - 480.0\mathrm{g}}{480.0\mathrm{g}} \times 100\,(\%) = 2.60\%$$

湿潤状態の骨材質量が500.0g、表乾状態の骨材質量が492.5gであることから、

$$表面水率 = \frac{湿潤状態の骨材質量 - 表乾状態の骨材質量}{表乾状態の骨材質量} \times 100\,(\%)$$

$$= \frac{500.0\mathrm{g} - 492.5\mathrm{g}}{492.5\mathrm{g}} \times 100\,(\%) = 1.5\%$$

以上より、骨材の**吸水率**は2.60%、**表面水率**は1.5% となります。

骨材の実積率、粗粒率、最大寸法　

　骨材の量は、容積と質量の二通りで表されます。容積には、ある容積の容器に骨材を詰めたときの空隙を含む容積である「かさ容積」と、骨材を容器にすき間なく詰めたとしたときの容積である「絶対容積」があります。かさ容積は、骨材の実容積と骨材間の空隙の容積を加えたものです。コンクリート中で骨材が実際に占める容積は、一つ一つの骨材の実容積の和である絶対容積です。

（1）実積率

　単位のかさ容積中の骨材の実容積の割合を、実積率といいます。**実積率は、容器に満たした骨材の絶対容積の、その容器の容積に対する百分率**であるともいえます。つまり、**骨材を容器に詰めたときに、どれくらいすき間なく詰めることができるのか**を表します。**実積率**は、骨材の粒形判定に用いられ、**角張った骨材や偏平な骨材などの粒形のよくない骨材**は、**実積率**が低くなります。

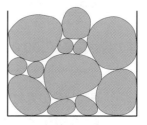

すき間

＞

実積率

＜

実積率　低

・粒形がわるい
　（角張っている）
・粒度分布がわるい
　（粒径が偏っている）

実積率　高

・粒形がよい
　（球形に近い）
・粒度分布がよい
　（粒径が様々）

図1.6　実積率の比較

（2）粗粒率

　骨材の粒度（粒子の大きさの分布状態）を表す指標に、**粗粒率**（そりゅうりつ）があります。**粗粒率は、ふるいの通りにくさ**ともいえ、**粒径の大きい骨材が多いほど値が大**きくなります。

　粒度分布を求める試験に、ふるい分け試験があります。ふるい分け試験は、1組の標準網ふるいを用いて、ふるいに上下動と水平動を与えて試料を揺り動かし、各ふるいを通る試料、また、各ふるいにとどまる試料の質量百分率を求める試験です。粗粒率は、ふるい分け試験を行った結果から、**80、40、20、10、5、2.5、1.2、0.6、0.3、0.15mmの各ふるいにとどまる骨材**の全体に対する質量分率の合計を100で割って求められます。

　骨材の大きさの表し方としては、骨材は一般に大小の粒子が混ざり合っているので、その中の最大の粒子の寸法で示します。**骨材の最大寸法**は、そのほとんど全部（質量で90％以上）が通るふるいのうち、最小寸法のふるいの呼び寸法とします。

計算問題要点チェック①

粗骨材のふるい分け試験の結果が下表となったときの、粗粒率を求めよ。また、この粗骨材の最大寸法を答えよ。

ふるいの呼び寸法(mm)	30	25	20	15	10	5	2.5	1.2	0.6	0.3	0.15
各ふるいにとどまる質量分率(%)	0	4	30	44	68	93	99	100	100	100	100

解答

粗粒率は、表のふるいの呼び寸法のうち、80、40、20、10、5、2.5、1.2、0.6、0.3、0.15mmの各ふるいに対応する、20、10、5、2.5、1.2、0.6、0.3、0.15mmのふるいにとどまる骨材の全体に対する質量分率の合計を100で割って求めます。

ふるいの呼び寸法(mm)	30	25	20	15	10	5	2.5	1.2	0.6	0.3	0.15
各ふるいにとどまる質量分率(%)	0	4	30	44	68	93	99	100	100	100	100

粗粒率＝(30+68+93+99+100+100+100+100)/100＝690/100＝6.90

以上より、**粗粒率は6.90**になります。

また、骨材の**最大寸法**は、**質量で90%以上が通るふるいの呼び寸法**なので、ふるいにとどまる質量分率が4%、つまり、**ふるいにとどまらない質量分率が96%**（＝100%－4%）となる、**ふるいの呼び寸法25mmが最大寸法**です。

計算問題要点チェック②

細骨材のふるい分け試験の結果が下表となったときの、粗粒率を求めよ。

ふるいの呼び寸法 (mm)	10	5	2.5	1.2	0.6	0.3	0.15
ふるいを通るものの質量分率 (%)	100	97	89	67	48	21	3

解答

粗粒率は、**ふるいにとどまる骨材の質量分率**から求めます。表は「ふるいを通るものの質量分率」が示されているので、これから「ふるいにとどまる骨材の質量分率」を算出します。ふるいにとどまる骨材の質量分率は、100%から「ふるいを通るものの質量分率」を差し引いたものになります。ふるいにとどまる骨材の質量分率を求めたら、80、40、20、10、5、2.5、1.2、0.6、0.3、0.15mmの各ふるいに対応する、10、5、2.5、1.2、0.6、0.3、0.15mmのふるいにとどまる骨材の全体に対する質量分率の合計を100で割って求めます。

ふるいの呼び寸法（mm）	10	5	2.5	1.2	0.6	0.3	0.15
ふるいを通るものの質量分率（%）	100	97	89	67	48	21	3
ふるいにとどまる質量分率（%）	0	3	11	33	52	79	97

粗粒率 ＝（0＋3＋11＋33＋52＋79＋97）/100＝275/100＝**2.75**

以上より、**粗粒率**は**2.75**になります。

骨材の試験方法　　重要度 ★★★

骨材の試験方法の多くはJISによって規定されています。骨材の主な試験方法を、以下に示します。

(1) JIS A 1102（骨材のふるい分け試験方法）

細骨材用または粗骨材用の1組の標準網ふるいを使用してふるい分けを行い、**粒度分布を求めることで、コンクリートに使用する骨材として適当かどうかを判定する試験方法**です。コンクリートの調合・配合設計に用いる細骨材の粗粒率や粗骨材の最大寸法を求める試験でもあります。

(2) JIS A 1103（骨材の微粒分量試験方法）

骨材に含まれている**粘土やシルトなどの微粒分の量を測定する試験方法**です。

粘土やシルトなどの微細な粒子は、硬化コンクリートの品質を低下させる要因となります。骨材に含まれる公称目開き75μm（マイクロメートル）ふるい（0.075mmふるい）を通過する微粒分の絶乾質量を測定し、用いた試料の絶乾質量に対する割合を百分率で表したものが微粒分量です。

(3) JIS A 1104（骨材の単位容積質量および実積率試験方法）

コンクリートの調合・配合に必要な骨材の単位容積質量と、コンクリートに使用する骨材の粒形判定に用いる実積率を測定するための試験です。用いる試料は、絶乾状態とすることが規定されています。骨材は水分を吸収すると、その分の重量が増えることになります。そこで、通常は骨材を完全に乾燥させた絶乾状態を基準とします。なお、粗骨材の場合は気乾状態でもよいとされています。

(4) JIS A 1105（細骨材の有機不純物試験方法）

細骨材の中に含まれる有機不純物の有害量の概略を調べるための試験方法です。コンクリート中に一定量以上の植物の腐食などにより生じた有機物が含まれると、硬化不良を起こします。試験は、空気中で乾燥させた状態（気乾状態）の試料に3％に調整した水酸化ナトリウム溶液を加えてよくふり混ぜ、24時間以上静置した後に試料の上部の溶液の色を標準色と目視で比較して、色の濃淡で判定します。

(5) JIS A 1122（硫酸ナトリウムによる骨材の安定性試験方法）

骨材の耐凍害性を評価するための試験方法です。凍害は、凍結や凍結融解の作用によって表面の劣化や強度低下、ひび割れ、ポップアウト（コンクリート内部の膨張圧によって表面が部分的にはがれる現象）などを生じる劣化現象です。硫酸ナトリウムの結晶圧を与えることで、骨材中の水分が凍結する際に作用する膨張圧を再現して、骨材の凍結融解に対する抵抗性（耐凍害性）を測定します。耐凍害性は、硫酸塩の結晶圧の作用により破損した骨材粒の損失質量分率を求めて判定します。損失質量分率が大きい骨材ほど、耐凍害性の低い骨

材であり、この骨材を使用したコンクリートの耐凍害性は低下します。

（6）JIS A 1145（骨材のアルカリシリカ反応性試験方法（化学法））

　コンクリートに使用する**骨材のアルカリシリカ反応性**を、化学的な方法によって**判定**するための**試験方法**です。アルカリ骨材反応の一種であるアルカリシリカ反応を生じさせる骨材を使用したコンクリートは、反応性骨材が生成する膨張性物質によって有害なひび割れを発生させる可能性があります。試験は、粉砕した骨材に水酸化ナトリウム標準液を加えて反応させ、**反応によって消費された水酸化ナトリウム量と溶出したシリカ量を比較して、その大小関係から骨材の反応性**を**判定**します。なお、実際にモルタルの供試体（モルタルバー）を作成して、**モルタルバーの長さ変化を測定することによって骨材のアルカリシリカ反応性を判定する試験方法**を**モルタルバー法**といいます。モルタルバー法は、JIS A 1146（骨材のアルカリシリカ反応性試験方法（モルタルバー法））において規定されています。

問 粗骨材に川砂利を用いたフレッシュコンクリートは、流動性が［①向上、②低下］する。

正解 ①向上

解説

川砂利のように、球形に近い丸みを帯びた形状の骨材は、フレッシュコンクリートの流動性を向上させます。

問 溶融スラグ骨材は、［①溶鉱炉で生成される溶融スラグを水で急冷して粒度調整した、②下水汚泥やそれらの焼却灰などを溶融して固化した］骨材である。

正解 ②下水汚泥やそれらの焼却灰などを溶融して固化した

解説

溶融スラグ骨材は、一般廃棄物や下水汚泥、または、それらの焼却灰を溶融して固化した、コンクリート用溶融スラグ骨材です。また、炉で銅と同時に生成する溶融スラグを水で急冷して、粒度調整した細骨材は、銅スラグ細骨材です。

問 粗骨材の弾性係数が大きいと、コンクリートの乾燥収縮は［①大きく、②小さく］なる。

正解 ②小さく

解説

弾性係数は、材料の変形のしにくさを数値化したもので、その数値が大きいほど変形しにくい（伸び縮みしにくい）ことを表します。弾性係数の大きい粗骨材を使用したコンクリートの乾燥収縮は、小さくなります。

問 植物の腐食などにより生じた有機不純物を多く含む骨材を使用したコンクリートは、硬化不良を［①生じやすく、②生じにくく］なる。

正解 ①生じやすく

解説

有機不純物を一定量以上含む骨材を使用したコンクリートは、**水和反応が正常に行われず、凝結を妨げるなど、硬化不良を生じます。**

問 骨材の吸水率は、［①絶対乾燥状態（絶乾状態）、②表面乾燥飽水状態（表乾状態）］の骨材の含水率に等しい。

正解 ②表面乾燥飽水状態（表乾状態）

解説

吸水率は、骨材の吸水量（骨材の含むことのできる水分量）を百分率で表したものです。骨材の吸水量は、骨材内部の水分のみで、骨材表面の水分は含みません。よって、表面に水はなく骨材内部の空隙が水で満たされた状態である、**表面乾燥飽水状態（表乾状態）**の含水量です。

問 骨材の安定性試験によって得られた損失質量分率の大きい骨材を使用したコンクリートは、耐凍害性が［①向上、②低下］する。

正解 ②低下

解説

骨材の安定性試験は、骨材の凍結融解に対する抵抗性（耐凍害性）を測定する試験で、硫酸塩の結晶圧の作用により破損した骨材粒の損失質量分率により、耐凍害性を判定します。損失質量分率が大きい骨材ほど、耐凍害性の低い骨材であり、この骨材を使用したコンクリートの耐凍害性は**低下**します。

問 JIS A 1104（骨材の単位容積質量および実積率試験方法）では、試験に用いる試料は［①絶乾状態、②表乾状態］とすることが規定されている。

正解 ①絶乾状態

解説

JIS A 1104（骨材の単位容積質量および実積率試験方法）に用いる試料は、**絶乾状態**とすることが規定されています。なお、粗骨材の場合は気乾状態でもよいとされています。骨材は水分の吸収により重量が増加することから、**骨材を完全に乾燥させた絶乾状態**を基準とすることが多くあります。

問 JIS A 1105（細骨材の有機不純物試験方法）では、試験に用いる試料は［①絶乾状態、②気乾状態］とすることが規定されている。

正解 ②気乾状態

解説

JIS A 1104（骨材の単位容積質量および実JIS A 1105（細骨材の有機不純物試験方法）は、細骨材の中に含まれる有機不純物の有害量の概略を調べるための試験方法です。試料は、**空気中で乾燥させた状態（気乾状態）**のものを用います。

3 ▶ 水

╼ 学習のポイント ╾

レディーミクストコンクリートの練り混ぜに用いる水（上水道水、上水道水以外の水、回収水）の種類について理解する。

フレッシュコンクリート（工場製造のコンクリート）の練り混ぜに使用される水は、上水道水、上水道水以外の水、回収水の大きく3種類に区分されます。

（1）上水道水

上水道水は、普段私たちが飲料水として用いている水です。**上水道水は品質を確認するための試験を行うことなく、コンクリートの練り混ぜに使用することができます。**

（2）上水道水以外の水

上水道水以外の水とは、特に上水道水としての処理がなされていない河川水や湖沼水、井戸水、地下水、および工業用水のことをいいます。コンクリートは、水とセメントが水和反応を起こすことで硬化します。水の中に有害物質が含まれていると、コンクリートの硬化に悪い影響を及ぼします。そこで、**上水道水以外の水をコンクリートの練り混ぜに使用するには、品質を確認するための試験を行い、下記の規定に適合することが必要**です。

- **懸濁物質の量**が2g/L以下であること
- **溶解性蒸発残留物の量**が1g/L以下であること
- **塩化物イオンの量**が200mg/L以下であること
- セメントの凝結時間の差が始発は30分以内、終結は60分以内であること
- モルタルの圧縮強さの比が材齢7日および材齢28日で90%以上であること

(3) 回収水

　回収水とは、レディーミクストコンクリート（工場で練り混ぜられたコンクリート）の運搬車やミキサなどを洗浄した排水（コンクリートの洗浄排水）を処理して得られる水です。回収水には、上澄水とスラッジ水の二つがあります。

　スラッジ水は、コンクリートの洗浄排水から、粗骨材および細骨材を取り除いて回収した懸濁水で、水和生成物や骨材微粒子などのスラッジ固形分を含む回収水です。

　上澄水は、スラッジ水からスラッジ固形分を沈降などの方法で取り除いた水で、セメントから溶け出した水酸化カルシウムなどを含むアルカリ性の高い回収水です。

　つまり、ミキサなどの洗浄排水から骨材を取り除いたのがスラッジ水、そこからさらにスラッジ固形分を除いたのが上澄水です。

　上澄水、スラッジ水をコンクリートの練り混ぜに使用するには、品質を確認するための試験を行い、下記の規定に適合することが必要です。

- 塩化物イオンの量が200mg/L以下であること
- セメントの凝結時間の差が始発は30分以内、終結は60分以内であること
- モルタルの圧縮強さの比が材齢7日および材齢28日で90%以上であること

　なお、**スラッジ水を使用する場合は、スラッジ固形分の質量が単位セメント量に対して3%を超えない**（スラッジ固形分率3%未満）ようにします。スラッジ固形分の量がこれを超えて混入していると、フレッシュコンクリートの流動性の低下や、硬化コンクリートにひび割れが生じやすくなるなどの影響があります。

　この他、回収水の使用に関する注意事項を下記に示します。

- 水セメント比、コンシステンシーを一定とするためには、スラッジ固形分率1%につき単位水量、単位セメントをそれぞれ1〜1.5%増す
- 細骨材率（コンクリート中の全骨材量に対する細骨材量の割合）は、スラッジ固形分1%につき約0.5%減とする
- 空気量が減少する傾向にあるためAE剤や空気量調整剤の量を調整する

問 コンクリートの練り混ぜ水に地下水を使用する場合は、品質試験が[①必要、②不要]である。

正解 ①必要

解説
地下水や工業用水などの上水道水以外の水や回収水については、その使用にあたって品質を確認するための試験が**必要**です。

問 スラッジ固形分が多い回収水を練り混ぜ水として使用する場合は、コンクリートの単位水量および単位セメント量を[①増加、②減少]させる。

正解 ①増加

解説
スラッジ水を練り混ぜ水として使用する場合、水セメント比やコンシステンシーを一定とするために、単位水量と単位セメント量をそれぞれ**増やす**必要があります。

問 JIS A 5308 附属書C（レディーミクストコンクリートの練混ぜに用いる水）において、上澄水は、品質試験を行わずに上水道水と混合して使用[①できる、②できない]とされている。

正解 ②できない

解説
上澄水の使用に際しては、JIS A 5308（レディーミクストコンクリート）付属書Cに規定があり、**品質試験を行う**ことで、上澄水は練り混ぜ水として上水道水と同様に使用することができます。

問 JIS A 5308 附属書C（レディーミクストコンクリートの練混ぜに用いる水）において、回収水の品質の項目に、［①塩化物イオンの量、②懸濁物質の量］は含まれていない。

正解 ②懸濁物質の量

解説

JIS A 5308 附属書C（レディーミクストコンクリートの練混ぜに用いる水）では、回収水の品質について、塩化物イオン量、セメントの凝結時間の差、モルタルの圧縮強さの比を規定していますが、**懸濁物質の量**の規定はありません。

問 スラッジ水を練り混ぜ水として使用する場合は、スラッジ固形分率を［①3%、②5%］未満とする。

正解 ①3%

解説

スラッジ水を練り混ぜ水として使用する場合、スラッジ固形分の質量が単位セメント量に対して3%を超えない（スラッジ固形分率3%未満）ようにして、フレッシュコンクリートの流動性低下などが起こらないようにします。

==
●━━━━━━━　学習のポイント　━━━━━━━●

混和材料の種類とそれぞれの特徴、また、使用することでコンクリートのどのような性能が改善されるのかについて理解する。
==

　コンクリートは、構造物の用途や周囲の環境などの条件によって、様々な性質が要求されます。**混和材料は、これら様々な条件に応じてコンクリートに特別の性質を与える**ため、打込みを行う前までに必要に応じて加える、セメント、水、骨材以外の材料です。

　混和材料には、混和材と混和剤があります。コンクリート全体に対して、その**使用量が比較的多いものが混和材、使用量が少ないものが混和剤**です。

混和材　　　　　　　　　　　重要度 ★★★

　コンクリート全体に対して、その**使用量が比較的多く、それ自体の容積がコンクリートなどの練上がり容積に算入されるものが、混和材**です。

　以下に、主な混和材の特徴を示します。

(1) フライアッシュ

　火力発電所などの微粉炭燃焼ボイラの燃焼ガスから集じん器で捕集される灰（アッシュ）がフライアッシュです。**フライアッシュは微小な球状の粒子で、ポゾランの一種**です。セメントに混和することでポゾラン反応を生じ、硬化します（次ページのミニ知識参照）。フライアッシュのポゾラン反応は、セメントの中で非常にゆっくりと進むため、**初期強度と長期強度の発現が遅くなります**。

　フライアッシュは、JIS A 6201（コンクリート用フライアッシュ）に品質が規定されています。そこでは、**強熱減量（一定の温度で強く熱した場合の質

量の減少量）の上限値や粉末度（粉体の細かさ）などの違いによって、フライアッシュⅠ種、Ⅱ種、Ⅲ種、Ⅳ種の4種類に分類されています。最も高品質なのがⅠ種、標準的な品質で通常使用されているのがⅡ種です。

フライアッシュには、球状の粒子であることから、ボールベアリング効果（ボールの回転によって流れをスムーズにする効果）があります。これにより、**コンクリートの流動性が向上して、単位水量を減らすことができます。**

また、フライアッシュのポゾラン反応は、**コンクリート組織を緻密にして空隙を減少させます。** コンクリート組織が緻密になることで、**強度や耐久性、化学抵抗性が高くなります。**

そして、ポゾラン反応は長期間継続するので、**長期にわたり強度を増進させます。** **ポゾラン反応は発熱量が小さいのも特徴で、これにより温度ひび割れを低減できます。**

さらに、フライアッシュには、アルカリ骨材反応による膨張性物質の生成を抑制する性質があり、有害なひび割れを生じさせる**アルカリ骨材反応を抑制することができます。**

ミニ知識

ポゾランとポゾラン反応
その物質自体はセメントのように水と反応して硬化することはないものの、**水の存在の下で水酸化カルシウムと常温で反応して不溶性の化合物を作って硬化する鉱物質の微粉末の材料を、ポゾラン**といいます。
ポゾランは、セメントに混合すると、セメントの水和によって生成された水酸化カルシウムと反応して硬化します。この現象を、**ポゾラン反応**といいます。
ポゾラン反応が進むことによって、コンクリート組織が緻密化し、コンクリートの強度や耐久性が向上します。
セメントに混合してポゾラン反応を起こす材料としては、天然ポゾランでは火山灰やけい酸白土など、人工ポゾランではフライアッシュ、シリカフュームなどがあります。

(2) 高炉スラグ微粉末

　製鉄所などの高炉で、せん鉄と同時に生成される溶融状態の高炉スラグを水によって急冷してできる高炉水砕スラグを、乾燥・粉砕したのが高炉スラグ微粉末です。**高炉スラグ微粉末は、潜在水硬性によって硬化します。高炉スラグ微粉末の水和反応による発熱は、セメントの水和反応に比べて小さくなります。**

　高炉スラグ微粉末は、JIS A 6206（コンクリート用高炉スラグ微粉末）に品質が規定されています。**比表面積によって、高炉スラグ微粉末3000、4000、6000、8000の4種類に分類**されています。

　高炉スラグ微粉末の潜在水硬性は、フライアッシュのポゾラン反応とは硬化の仕組みは異なりますが、**得られる効果**はフライアッシュと同様のものがあり、**コンクリートの流動性向上と単位水量の減少、温度ひび割れの低減、コンクリート組織の緻密化による強度や耐久性、化学抵抗性の向上**があります。また、高炉スラグ微粉末の使用量を多くすることで、使用するセメント量が減り、それに伴ってセメント中に含まれるアルカリ量も減ることから、**アルカリシリカ反応の抑制**に効果があります。

ミニ知識

潜在水硬性
その物質自体はセメントのように水と反応して硬化することはないものの、**セメントの水和反応で生成した水酸化カルシウムなどの刺激によって、水と反応して硬化する性質**です。

(3) シリカフューム

　金属シリコンやフェロシリコンをアーク式電気炉で製造する際に得られる副産物で、非結晶の二酸化けい素を主成分とした球状の非常に細かい粒子です。シリカフュームは**ポゾランの一種**で、**セメントに混和することでポゾラン反応を生じて硬化します。**

　この**球状の超微粒子**は、平均粒径が0.1〜0.2μm（マイクロメートル）程度で、その細かさからセメント水和物の間に入り込み、**セメント組織を緻密に**

する効果（マイクロフィラー効果）があります（**フィラー（filler）には、すき間を埋めるという意味があります**）。マイクロフィラー効果は、水結合材比（水と結合材の質量比）が小さく粘性の高い**コンクリートの流動性を向上させます**。**結合材は、粉体のうち、水と反応してコンクリートの強度発現に寄与する物質を生成するものの総称**で、セメントや高炉スラグ微粉末、フライアッシュ、シリカフュームなどを指します。

シリカフュームは、JIS A 6207（コンクリート用シリカフューム）に品質が規定されています。そこでは、製品形態によって、粉体シリカフューム、粒体シリカフューム、シリカフュームスラリーの3種類に分類されています。粉体シリカフュームは捕集されたままの状態で単位容積質量を大きくするための処理や水に懸濁させる処理などを行っていない形態、粒体シリカフュームは粉体シリカフュームの輸送や取扱いを容易にするために単位容積質量を大きくするための処理を行って見かけの粒径を大きくした形態、シリカフュームスラリーは輸送や取扱いを容易にするためにシリカフュームを水に懸濁させた形態です。

シリカフュームも**得られる効果**はフライアッシュと同様に、**コンクリートの流動性向上と単位水量の減少、温度ひび割れの低減、コンクリート組織の緻密化による強度や耐久性、化学抵抗性の向上、アルカリ骨材反応の抑制があります**。

（4）膨張材

セメント、水とともに練り混ぜた後に、**水和反応によってエトリンガイトや水酸化カルシウムなどを生成して、コンクリートやモルタルを膨張させる**混和材です。

コンクリートは、乾燥によって収縮します。この収縮によって生じるひび割れを、収縮ひび割れといいます。**膨張材は、コンクリート硬化時に体積を膨張させて、収縮によるひび割れを低減する（収縮補償：収縮を膨張により補い、修正する）ことを目的として使用**されます。

鉄筋コンクリート構造物に、収縮補償以上に膨張材を多く使用した場合、膨

張するコンクリートによって鉄筋に引張力が生じます。そして、この引張力によりコンクリートには圧縮力が導入されることになります。このようにして、**コンクリートの硬化時にあらかじめ圧縮力を導入することをプレストレス**といい、**膨張材によって化学的に導入されるプレストレスをケミカルプレストレス**といいます。**プレストレスを導入することで、コンクリートのひび割れを低減**することができます。

　膨張材は、JIS A 6202（コンクリート用膨張材）に品質が規定されています。そこでは、性能によって、膨張材30型と20型の2種類に区分されています。

混和剤

　コンクリート全体に対して、その**使用量が少なく、それ自体の容積がコンクリートなどの練上がり容積に算入されないものが、混和剤**です。

　混和剤は、JIS A 6204（コンクリート用化学混和剤）において規定されています。この中で化学混和剤は、「主として、その界面活性作用および／または水和調整作用によって、コンクリートの諸性質を改善するために用いる混和剤」と定義されています。

　物質と物質の境界面を界面といいます。この界面の性質を著しく変化させる作用を、界面活性作用といいます。

　化学混和剤を使用することで、**フレッシュコンクリートのワーカビリティー（施工性）などの改善**や、**硬化コンクリートの強度や耐久性、水密性などの向上**が期待できます。

　以下に、主な化学混和剤の特徴を示します。

（1）AE剤

　コンクリート中に**多数の微細な独立した空気泡（くうきほう）を一様に分布させて、ワーカビリティーや耐凍害性（凍結と融解（ゆうかい）の繰り返し作用）を向上**させる化学混和剤です。

AE剤を添加することにより連行される空気泡を、**エントレインドエア**といいます。**エントレインドエア**は球状の微細な空気泡で、ボールベアリング作用によりコンクリートの流動性を高める効果があります。これにより、所定のワーカビリティーを得るのに必要な単位水量を小さくすることができます。

エントレインドエアの量には、次のことが関係します。

- 単位セメント量が多くなるほど減少する
- セメントの比表面積が大きくなる（粉末度が大きくなる）ほど減少する
- 細骨材率が小さくなると減少する
- コンクリート温度が高いと減少する

JIS A 6204（コンクリート用化学混和剤）において、**凍結融解に対する抵抗性が規定**されています。

なお、**フライアッシュを用いたコンクリート**は、フライアッシュ中の完全に燃焼していない未燃炭素の含有量が多いと、その多孔質な粒子によって**AE剤を吸着して空気連行性を低下させる**ので、所要の性能を得るためには**AE剤の量を多くする**必要があります。

ミ二知識

エントレインドエアとエントラップトエア
エントレインドエアは、AE剤やAE減水剤などの混和材料を添加することにより連行される独立した球形の微細な空気泡で、**コンクリートのワーカビリティーや耐凍害性を向上**させます。
エントラップトエアは、コンクリートを練り混ぜる際にコンクリート中に自然に取り込まれた空気泡です。比較的大きく、形状も不規則なことから、エントレインドエアのようなワーカビリティーや耐凍害性の向上は期待できず、大きな空隙は**強度や耐久性を低下させる要因**にもなります。

（2）減水剤

　所要のスランプ（フレッシュコンクリートの流動性の指標）を得るのに必要な単位水量を減少させる化学混和剤です。減水剤には、セメント粒子に吸着して、**静電気的な反発力によりセメント粒子を分散させる**働きがあります。この働きによってコンクリートの流動性が改善され、**所要のワーカビリティーを得るのに必要な水量を小さくすることができます**。

（3）AE減水剤

　空気連行性能を持ち、所要のスランプを得るのに必要な単位水量を減少させる、AE剤と減水剤の特性を併せ持つ化学混和剤です。

　JIS A 6204（コンクリート用化学混和剤）において、**凍結融解に対する抵抗性が規定**されています。

（4）高性能減水剤

　減水剤の効果を高性能にしたもので、**所要のスランプを得るのに必要な単位水量を大幅に減少させたり、単位水量を変えることなくスランプを大幅に増加させたり**する混和剤です。

（5）高性能AE減水剤

　空気連行性能を持ち、**AE減水剤よりも高い減水性能**と、**スランプの経時変化が小さく、良好なスランプ保持性能**を持つ混和剤です。

　JIS A 6204（コンクリート用化学混和剤）において、**凍結融解に対する抵抗性**、および、**経時変化量のスランプの上限値と空気量の許容範囲が規定**されています。

（6）流動化剤

　あらかじめ練り混ぜられたコンクリートに添加して攪拌することで、**水量を増やさずにコンクリートの流動性を増大させる**ことを目的とした混和剤です。

　JIS A 6204（コンクリート用化学混和剤）において、**経時変化量のスラン**

プの上限値と空気量の許容範囲が規定されています。

（7）硬化促進剤

　添加することで、セメントの水和を早め，初期材齢の強度を大きくする化学混和剤です。コンクリートの硬化を促進させます。

　硬化促進剤の使用目的に、初期材齢の強度を大きくすることがあることから、JIS A 6204（コンクリート用化学混和剤）において、化学混和剤で唯一、**材齢1日と2日の圧縮強度比が規定**されています。

（8）収縮低減剤

　添加することで、**コンクリートの乾燥収縮や自己収縮を低減して、ひび割れの発生を抑制**する化学混和剤です。

　コンクリートの乾燥収縮は、乾燥によってコンクリート中の水分が外部へ逸散することで生じる収縮です。また、自己収縮は、コンクリート中の水分がセメントとの水和により失われることで生じる収縮です。これらの水分が失われる際に、水分の表面張力（液体の表面をなるべく小さくしようとして表面に働く引張力）によってコンクリート内にも引張力が生じて収縮します。収縮低減剤には、この水分の表面張力を低下させる働きがあります。

問 高炉スラグ微粉末は、[①潜在水硬性、②ポゾラン反応]によって硬化する。

正解 ①潜在水硬性

解説

高炉スラグ微粉末は、**潜在水硬性**によって硬化します。**ポゾラン反応**を生じて硬化するのは、フライアッシュとシリカフュームです。

問 [①フライアッシュ、②シリカフューム]は、マイクロフィラー効果によってセメント組織を緻密にする。

正解 ②シリカフューム

解説

シリカフュームの粒子は、セメントや高炉スラグ微粉末、**フライアッシュ**に比べて、平均粒径が0.1〜0.2μm(マイクロメートル)程度と大変細かく、その細かさからセメント水和物の間に入り込み、セメント組織を緻密にする効果(マイクロフィラー効果)があります。

問 コンクリートの乾燥収縮低減に効果のある収縮低減剤は、コンクリートの自己収縮低減に[①有効である、②有効ではない]。

正解 ①有効である

解説

収縮低減剤には、水分の表面張力を低下させる働きがあり、コンクリートの**自己収縮低減**にも有効です。

問 フレッシュコンクリートの流動性向上に、石灰石微粉末の使用は[①有効である、②有効ではない]。

正解 ①有効である

解説 ────────────────────────────

石灰石微粉末は、粒子形状が球形に近く、混和材料として使用することはフレッシュコンクリートの流動性向上に**有効です**。

問 未燃炭素の含有量が多いフライアッシュは、AE剤のコンクリートへの空気連行性を［①向上、②低下］させる。

正解 ②低下

解説 ────────────────────────────

フライアッシュは球形の微細粒子ですが、未燃炭素は多孔質の構造をしています。この未燃炭素の細孔にAE剤や減水剤が吸着されると、その効果を**低下させる**ことがあります。

問 JIS A 6204（コンクリート用化学混和剤）において、空気量の経時変化量がAE剤に規定されて［①いる、②いない］。

正解 ②いない

解説 ────────────────────────────

JIS A 6204（コンクリート用化学混和剤）において、空気量の経時変化量が**規定されている**のは高性能AE減水剤と流動化剤であり、AE剤は**規定されていません**。

問 JIS A 6204（コンクリート用化学混和剤）において、硬化促進剤には、材齢1日の圧縮強度比が規定されて［①いる、②いない］。

正解 ①いる

解説

JIS A 6204（コンクリート用化学混和剤）において、硬化促進剤には、材齢1日と2日の圧縮強度比が**規定されており**、その他のコンクリート用化学混和剤は**規定されていません**。

問 JIS A 6204（コンクリート用化学混和剤）において、高性能AE減水剤には、スランプの経時変化量の上限値が規定されて［①いる、②いない］。

正解 ①いる

解説

JIS A 6204（コンクリート用化学混和剤）において、スランプの経時変化量が**規定されている**のは高性能AE減水剤と流動化剤であり、その他のコンクリート用化学混和剤は**規定されていません**。

問 JIS A 6204（コンクリート用化学混和剤）において、高性能減水剤には、凍結融解に対する抵抗性が規定されて［①いる、②いない］。

正解 ②いない

解説

凍結融解に対する抵抗性を高めるのには、AE剤による空気泡の連行（連行空気：エントレインドエア）が有効です。高性能減水剤には、AE剤のような**空気連行性はありません**ので、JIS A 6204（コンクリート用化学混和剤）において、凍結融解に対する抵抗性は**規定されていません**。

Section 5 ▶ 補強材

　コンクリートには、**圧縮力に強いものの引張力には弱く、また、破壊する際には、ほとんど変形することなくもろく壊れるという欠点があります。**引張力がほとんど生じない、もしくは、その影響を考慮しなくてもよいような構造物（ダムやトンネルなど）の場合は、コンクリート単体で構成される無筋コンクリート造とすることがあります。コンクリート単体とする利点としては、鉄筋を使用しないのでコンクリートを型枠内に充填しやすく、また、鉄筋が腐食して耐久性が低下しないということです。

　しかし、地震の多く発生する日本では、無筋コンクリート造を採用できるのは、ごく限られたコンクリート構造物です。地震力は、構造物に対して水平方向に作用する大きな荷重として考えることができます。この地震力よって、構造物には曲げ変形とそれに伴う引張力が生じます。体を横に曲げると片側の脇腹が突っ張ることからもわかるように、部材に曲げ変形が生じるとそれに伴って引張力が生じます。他にも引張力を生じさせる要因は多々あり、ほとんどのコンクリート構造物では、この引張力の発生が避けられません。

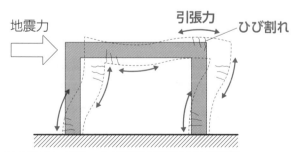

図1.7　地震力によるコンクリート構造物の変形とひび割れ

そこで、コンクリート構造物には、引張力への抵抗やもろく破壊しないように するために、鉄筋やプレストレストコンクリート用緊張材（PC鋼材）などの鋼材、鋼繊維や炭素繊維などの繊維素材が補強材として用いられます。

鉄筋 重要度 ★★★

鉄筋は、コンクリート構造に欠くことのできない補強材です。鉄筋を補強材として用いることで、コンクリート構造には引張に対する抵抗力と変形能力（粘り強さ）が付与されます。

鉄筋が補強材として多く用いられる理由に、他の材料にはない、コンクリートとの相性のよさがあります。鉄筋とコンクリートが合成構造として機能するためには、お互いが一体的に働く必要があります。**物質は温度によって伸び縮みしますが、温度の上昇によって、物質が元の長さから伸びる割合を熱膨張係数（線膨張係数）**といいます。熱膨張係数は、温度変化1℃当たりの物質の元の長さに対する長さの変化量の比として表されます。**鉄筋の熱膨張係数はおよそ10×10^{-6}/℃で、コンクリートとほぼ同じです。**もし、これが大きく違っていたら、鉄筋とコンクリートは一体的に働くことができず、構造が成立しません。

プレストレストコンクリート用緊張材（PC鋼材） 重要度 ★★★

プレストレストコンクリート用緊張材（PC鋼材）は、**コンクリートの曲げひび割れに対する耐力向上を目的としたプレストレストコンクリートの緊張材**に用いられる鋼材です。プレストレストコンクリートの製造時に強い力で引っ張られ続けるPC鋼材は、**鉄筋よりも強度が高く、変形しにくい**という特徴があります。ただし、**PC鋼材に緊張力（引張応力）を与え続けると、時間の経過とともに緊張力（引張応力）が減少する、リラクセーションという現象**が生じます。リラクセーションが生じると、コンクリート部材に導入された圧縮応力（プレストレス）も減少します。

鋼材の機械的性質（力学的特性） 重要度 ★★★

　鉄筋やPC鋼材の原材料である**鋼材は、コンクリートよりも強く、変形しにくく、粘り強い**という力学的な特性があります。**粘り強いとは、ガラスやコンクリートのようにもろく壊れてしまうことがないということ**を意味します。**粘り強いことを、じん性が高い**などともいいます。じん性は、破壊に対する抵抗性を示します。コンクリートはじん性の低い、もろい材料です。

　私たちが一般的に「鉄」と呼んでいるのは、実際には純粋な鉄ではありません。鉄に炭素などを加えた合金の「鋼（炭素鋼）」です。**純粋な鉄はやわらかく、強度も低い**のですが、**炭素を混ぜることで強く、変形しにくくなります。炭素の含有量が多いほど、強く、変形しにくくなります**。ただし、**炭素の含有量が多くなると、粘り強さが減少し、じん性が低く（もろく）なります**。

　強さ（強度）や変形のしにくさ（剛性）など、材料の持つ力学的特性を総称して機械的性質といいます。機械的性質の中でも重要なものに、応力度—ひずみ度関係（応力—ひずみ関係）があります。**応力度（応力）は材料の単位面積当たりの抵抗力、ひずみ度（ひずみ）は単位長さ当たりの伸縮量**です。

　応力度—ひずみ度関係をグラフに表したものは、応力度—ひずみ度曲線とも呼ばれます。以下に、引張試験によって得られる鉄筋とPC鋼材の応力度—ひずみ度関係の模式図と、そこから読み取れるそれぞれの鋼材の特徴を示します。

（1）降伏点または耐力

　降伏点とは、構造設計において弾性の限界とみなせる応力度（降伏強度）です。**降伏点が明瞭ではない材料の場合は、その代わりに耐力**を用います。

　炭素量が多いほど降伏点は大きくなりますが、**PC鋼材のように強度の大きい鋼材などでは、どこが降伏点なのか不明瞭**になります。**このような場合、降伏点の代わりに耐力**を用います。耐力の決め方には、0.2％永久伸びによる方法などがあります。

　永久伸びとは、伸び変形が弾性限界を超え、力を取り除いても伸び変形が元に戻らない、永久に伸びたままの状態であることを意味します。つまり、弾性

限界を超えて、力を取り除いても0.2%の伸びが残る引張応力度を耐力とします。

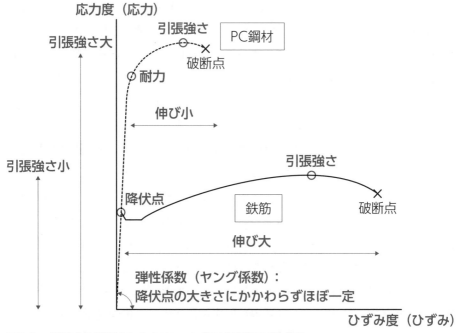

図1.8　鉄筋とPC鋼材の応力度―ひずみ度関係の模式図

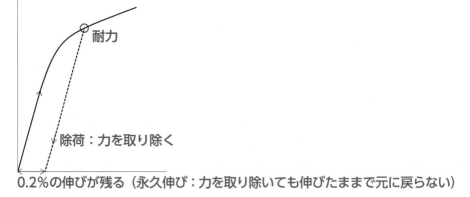

図1.9　0.2%永久伸びによる耐力の決定

(2) 引張強さ

試験中に試験片が耐えた**最大の引張応力度を、引張強さ**といいます。降伏点と同様に、炭素量が多いほど引張強さは大きくなります。**鉄筋とPC鋼材**とでは、PC鋼材の方が引張強さは大きくなります。

(3) 伸び（ひずみ）

伸び（ひずみ）は、炭素量が多いほど小さく（伸びにくく）なります。鉄筋とPC鋼材とでは、PC鋼材の方が破断時の伸びは小さくなります。

(4) 弾性係数（ヤング係数）

弾性状態にあるときの応力度とひずみ度との比例定数を、弾性係数（ヤング係数）といいます。応力度―ひずみ度曲線における応力度とひずみ度の傾き（角度）が弾性係数（ヤング係数）です。

鋼材の弾性係数（ヤング係数）は**コンクリートに比べて大きく、一般的なコンクリートの約10倍の205,000N/mm^2（およそ200kN/mm^2）**で、強度にかかわらずほぼ一定です。**鉄筋**と**PC鋼材**は、**強度は異なりますが、弾性係数（ヤング係数）はほぼ同じ**と考えて差し支えありません。

鉄筋の種類

鉄筋は棒状の材料で、断面が円形（丸）で表面が滑らかな丸鋼と、表面に突起を付けた断面が完全な円形ではない異形棒鋼があります。

鉄筋の種類は、JIS G 3112（鉄筋コンクリート用棒鋼）において、丸鋼については「SR235、SR295、SR785」の3種類が、異形棒鋼については「SD295、SD345、SD390、SD490、SD590A、SD590B、SD685A、SD685B、SD685R、SD785R」の10種類が、それぞれ定められています。

このように、**鉄筋の種類は「SR235」や「SD295」のような記号で表されます。**記号SRはSteel Round barの略称で丸鋼を、SDはSteel Deformed barの略称で異形棒鋼をそれぞれ表します。また、その後ろの**数値235や295**

は降伏点の下限値を表します。つまり、「SD295」といえば、その鉄筋が降伏点295N/mm²以上の異形棒鋼であることを表しています。

　異形棒鋼は、表面の突起がコンクリートとの付着をよくすることから、近年の鉄筋コンクリート造の構造体に多く用いられています。

　異形棒鋼は、一般に異形鉄筋とも呼ばれています。**表面にある軸方向の連続した突起をリブ、軸方向以外の突起を節**といいます。また、**表面には圧延マーク（ロールマーク）などにより、鉄筋の種類や呼び名が表示**されています（鉄筋の種類や径、表面形状により、表示されないものもあります）。異形棒鋼は種類ごとに異なる径（太さ）が用意されており、それぞれが呼び名によって区別されています。**呼び名は「D10」のような記号で表され**、記号のDはDeformed barの略称で異形棒鋼であることを表し、その後ろの数値はおおよその直径を表しています。JISでは寸法などにより、「D4、D5、D6、D8、D10、D13、D16、D19、D22、D25、D29、D32、D35、D38、D41、D51 」が規定されています。

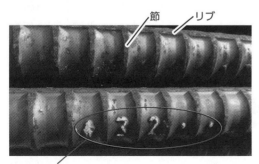

節　　リブ

圧延マーク
（この場合、「D32」は呼び名、「・・」は種類SD390を示している）
写真1.2　異形棒鋼の例

　丸鋼は、溶接金網として、径が6mmなどの細いものがコンクリートの補強材に多く使用されています。溶接金網はワイヤーメッシュとも呼ばれ、丸鋼などを格子状に配列して、その交点を溶接した金網です。地面に直接打ち均す土間コンクリートや道路の舗装、屋上防水の保護コンクリートなどに使用されます。

繊維素材

重要度 ★★★

繊維素材を補強材として用いることで、**コンクリートの曲げじん性の改善や、火災時の爆裂防止**に期待ができます。繊維補強材には、短く切断した短繊維とシート状などの連続繊維があります。短繊維はコンクリートに混入して、連続繊維は部材の外側から巻き付けて使用します。

補強材として用いられる繊維としては、鋼繊維や炭素繊維、ナイロン繊維、ポリプロピレン繊維などがあります。

短繊維をコンクリートに混入して補強材とする場合にも、他の構成材料と同様に、ワーカビリティーや力学的特性を満足する必要があります。そのためには、セメントペーストと材料分離しにくいことやコンクリート中に一様に分散していることなどが重要です。**繊維の混入率が多くなると、一様な分散が難しくなります。**

問 SD295の「295」は、[①引張強さ、②降伏点] の下限値が295 N/mm²であることを示している。

正解 ②降伏点

解説

種類の記号SD295の「SD」は異形鉄筋（Steel Deformed bar）であることを示し、数値「295」は**降伏点**の下限値が295N/mm²であることを示しています。

問 鉄筋の [①弾性係数（ヤング係数）、②降伏開始時のひずみ] は、降伏点の大きさにかかわらずほぼ一定である。

正解 ①弾性係数（ヤング係数）

解説

鋼材の**弾性係数（ヤング係数）**は、鋼材の種類にかかわらず、ほぼ205,000N/mm²で一定です。

問 鉄筋の熱膨張係数（線膨張係数）は、[①アルミニウム、②コンクリート] とほぼ等しい。

正解 ②コンクリート

解説

鉄筋の熱膨張係数（線膨張係数）は約$10×10^{-6}$/℃で、**コンクリート**とほぼ等しい値です。鉄筋と**コンクリート**の熱膨張係数（線膨張係数）がほぼ等しいことで、鉄筋コンクリート造における鉄筋とコンクリートの一体性が保たれます。

問 炭素含有量が [①多い、②少ない] 鉄筋ほど、破断時の伸びは小さくなる。

正解 ①多い

解説

鋼材は、炭素含有量によって性質が変化します。鉄筋は、炭素含有量が**多い**ほど強度は高くなりますが、伸びは小さくなります。

問 [①鉄筋の降伏点、②コンクリートの圧縮強度]が大きいほど、鉄筋とコンクリートとの付着強度も大きくなる。

正解 ②コンクリートの圧縮強度

解説

コンクリートの付着強度は、**圧縮強度の20％程度**で、**圧縮強度**が大きくなれば付着強度も大きくなります。コンクリートの付着強度はコンクリートの強度で決まり、鉄筋の強度とは関係ありません。

問 PC鋼材は、鉄筋よりも引張強さが[①大きい、②小さい]。

正解 ①大きい

解説

PC鋼材は、プレストレストコンクリート（PC）に圧縮力を導入するための緊張材です。プレストレストコンクリートの製造時に、PC鋼材は強い力で引っ張られ、その引っ張られた状態を維持し続けなければなりません。強い力で引っ張られ続けるPC鋼材には、鉄筋よりも**大きい**引張強さが必要とされます。

問 PC鋼材は、降伏点が[①明瞭、②不明瞭]な鋼材である。

正解 ②不明瞭

解説

PC鋼材のように強度の大きい鋼材などでは、**どこが降伏点なのか不明瞭**になります。このような場合、**降伏点の代わりに耐力**を用います。

問 PC鋼材の弾性係数（ヤング係数）は、およそ200kN/mm²で、一般的な鉄筋と比べて［①非常に大きい、②変わらない］。

正解 ②変わらない

解説

鋼材の弾性係数（ヤング係数）は、一般的なコンクリートの約10倍の205,000 N/mm²（およそ200 kN/mm²）で、**強度にかかわらずほぼ一定**です。鉄筋とPC鋼材は、強度は異なりますが、弾性係数（ヤング係数）は**ほぼ同じ**です。

問 コンクリートに繊維を混入すると、曲げじん性が［①低下、②向上］する。

正解 ②向上

解説

コンクリートは、炭素繊維やガラス繊維、ビニロン繊維などの繊維を混入することで、ひび割れ幅の拡大が抑制され、じん性が**向上**します。

問 コンクリートに繊維を混入すると、同じスランプを得るためには、細骨材率と単位水量が［①大きく、②小さく］なる。

正解 ①大きく

解説

コンクリートに繊維を混入すると、流動性が低下し、スランプが小さくなります。繊維を混入する前と同じスランプを得るには、材料分離を生じないように細骨材率を**大きく**しつつ、単位水量を**大きく**して流動性を高めます。

コンクリートの特性

練り混ぜられた当初のコンクリートは、やわらかく流動性のある状態です。そこから、時間の経過とともに徐々に硬化が進み、最終的に強くて硬いコンクリートへと変化します。品質のよい、強度や耐久性に優れたコンクリート構造物の建設には、コンクリートが硬化していく過程の性状を知り、コンクリートが常によい状態を保持できるようにすることが重要です。この章では、コンクリートの性質の中でも、よいコンクリートとするための特性について学びます。

マスターしたいポイント！

1 フレッシュコンクリート

☐ 施工性、材料分離、ブリーディング
☐ ワーカビリティーに影響を与える要因
☐ ワーカビリティーの測定方法（スランプ試験）

2 硬化コンクリート

☐ 圧縮強度と圧縮強度以外の強度の特徴と試験方法
☐ 弾性係数とポアソン比
☐ 弾性係数の算出方法（割線弾性係数）
☐ 静弾性係数と動弾性係数
☐ クリープ、体積変化、水密性

3 コンクリート構造物の耐久性

☐ ひび割れの種類と特徴
☐ 塩害の特徴と抑制方法
☐ 凍害の特徴と抑制方法

◀ 学習のポイント ▶

フレッシュコンクリートに必要とされるワーカビリティーに対して、影響を与える要因とワーカビリティーの良否を判断するための試験について理解する。

　硬化する前のやわらかく流動性のある状態のコンクリートを、フレッシュコンクリートといいます。フレッシュコンクリートの性状は、コンクリートの施工性と硬化後のコンクリートの性能に大きく影響します。ここでは、フレッシュコンクリートに必要とされる重要な特性であるワーカビリティーと、それに関連するフレッシュコンクリートの流動性、材料分離に対する抵抗力、ブリーディング量の増減といったものに影響を与える要因について、また、ワーカビリティーの良否を客観的に判断するための試験方法について解説します。

ワーカビリティー　　　　　　　　重要度 ★★★

　ワーカビリティーは、コンクリート工事におけるフレッシュコンクリートの作業や施工の容易さを表す用語です。**ワーカビリティーのよいコンクリートとは、材料分離を生じることなく、運搬や打込み、締固め、表面の仕上げなどの作業が容易にできるコンクリート**であることを意味します。

　フレッシュコンクリートの作業性・施工性を表す用語には次のものがあり、ワーカビリティーの良否はこれらにより総合的に判断されます。

表2.1　フレッシュコンクリートの作業性・施工性を表す用語

コンシステンシー	フレッシュコンクリートの流動や変形に対する抵抗の度合いを表す用語。コンシステンシーのよいコンクリートは、やわらかく施工性のよいフレッシュコンクリートであることを意味する。
ポンパビリティー	コンクリート打込み作業の際に使用する、コンクリートポンプによる圧送のしやすさを表す用語。

プラスティシティー	フレッシュコンクリートの型枠への充填のしやすさと、充填の際の材料分離のしにくさを表す用語。
フィニッシャビリティー	コンクリート表面を仕上げる際の作業のしやすさを表す用語。フィニッシャビリティーのよいコンクリートは、こて仕上げのしやすい、コンクリート表面を平滑に仕上げやすいことを意味する。

材料分離　重要度 ★★★

　材料分離とは、フレッシュコンクリートを構成する材料の分布が均一ではなくなる現象です。材料分離によって材料の分布に偏りが生じると、**構造的に脆弱な部分ができてしまいます**。粗骨材が一部に集中して空隙ができる、いわゆるジャンカ（豆板）と呼ばれる状態も、材料分離によって生じる欠陥です。

　材料分離は、材料を分離させようとする力（重力）の作用と分離させないようにする力（粘着力）の作用の相互関係によって生じます。つまり、コンクリートを構成する**材料の質量の違いが大きいほど**、また、**材料相互をつなぎとめる粘性が小さいほど**、材料分離を生じやすくなります。

　材料分離は、**施工中に発生するものと、施工後に発生するもの**があります。フレッシュコンクリートの運搬や型枠への打込みといった**施工中に発生する材料分離は、コンクリートを過度に振動させたり、高所から落下させたり、横方向へ遠くに流したりなどすることにより生じます**。フレッシュコンクリートの打込み終了後の**施工後に発生する材料分離は**、時間の経過とともに骨材やセメント粒子などの質量の大きい材料が沈み、練り混ぜ水が軽量で微細な物質を伴って上昇することで生じます。**これを、ブリーディングといいます**。

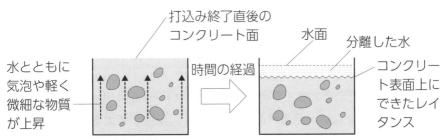

水とともに気泡や軽く微細な物質が上昇　打込み終了直後のコンクリート面　時間の経過　水面　分離した水　コンクリート表面上にできたレイタンス

図2.1　ブリーディングの模式図

ブリーディングによってコンクリート表面上に浮き上がった微細物資は、白く濁った薄い層をつくります。これを、レイタンスといいます。レイタンスは、不純物でできた脆弱な層なので、取り除く必要があります。

ワーカビリティーに対する影響要因 　重要度 ★★★

フレッシュコンクリートは、**材料分離を生じない範囲でやわらかい状態**が**ワーカビリティーのよい状態**といえます。ですから、フレッシュコンクリートの**流動性と材料分離に影響を与える要因**が、**ワーカビリティーに影響を与える要因**になります。

フレッシュコンクリートの**流動性と材料分離に影響を与える要因**に、**セメント、水、骨材の性状と混和材料の使用の有無**があります。

（1）セメントの影響

単位セメント量を少なくしたり、セメントの粉末度を低く（＝比表面積を小さくする＝粒子を粗くする）したりすることで、セメントの凝結が遅くなり、フレッシュコンクリートは粘性が低く、流動性の高い、やわらかい状態になります。これにより、施工はしやすくなりますが、粘着力が低下するので材料分離しやすくなり、ブリーディング量も増加します。

（2）水の影響

単位水量を多くすることで、フレッシュコンクリートの粘性が低下し、流動性が高くなります。しかし、粘着力が低下するので材料分離しやすくなり、ブリーディング量も増加します。

（3）骨材の影響

粗骨材の最大寸法を大きくする、**細骨材率を小さくする**（＝全骨材に占める細骨材の割合が少ない＝粗骨材の割合が多い）、**粗粒率を大きくする**（＝細かい目のふるいにとどまる骨材が多い＝粒径の大きい骨材が多い）というように、

使用する骨材が大きく、重くなるほどフレッシュコンクリートは粘性が低下し、流動性が高くなりますが、材料分離しやすくなります。

　しかし、使用する骨材を球形に近いよい粒形にする、また、骨材の大きさが大小適度に混ざり合ったよい粒度分布とすることで、所要の流動性を保持しつつ、単位水量を減らすことができ、材料分離しにくい、ワーカビリティーのよいフレッシュコンクリートになります。

(4) 混和材料の影響

　混和材料の使用は、ワーカビリティーの改善に有効です。

　フライアッシュは、球状の粒子であり、ボールベアリング効果（ボールのような回転でコンクリートの流動性を高める効果）によってコンクリートの流動性を向上させます。

　シリカフュームは、マイクロフィラー効果によって、水結合材比が小さく粘性の高いコンクリートの流動性を向上させます。

　AE剤は、その空気連行性能によってコンクリート中にエントレインドエアを生じさせます。この独立した球形の微細な空気泡であるエントレインドエアのボールベアリング効果によってコンクリートの流動性を向上させます。

　AE剤の使用量を一定とした場合、セメント量が多くなる、セメントの比表面積が大きくなる、コンクリートの温度が高くなるなどによって、空気量が増加します。

　なお、空気泡の存在量を示すものに、気泡間隔係数があります。この気泡間隔係数が小さいほど、微細な気泡が多く存在していることを示します。コンクリートの耐凍害性は、気泡間隔係数が小さいほど向上します。

　減水剤、高性能減水剤は、セメント粒子に吸着して静電気的な反発力によりセメント粒子を分散させる働きがあり、これによってコンクリートの流動性を向上させます。

　AE減水剤、高性能AE減水剤は、AE剤と減水剤の特性を併せ持つ化学混和剤であり、使用することでコンクリートの流動性を向上させます。

　これらのように、混和材料の使用によって、コンクリートの流動性が向上す

ることから、**所要のワーカビリティーを得るのに必要な単位水量を減らすこと**ができます。単位水量が減少すれば、材料分離に対する抵抗力が向上し、ブリーディング量も減少します。

次表に、ワーカビリティーに影響を与える主な要因をまとめます。

表2.2　ワーカビリティーに対する影響要因

影響要因		コンクリートの状態	流動性	材料分離	ブリーディング	備考
単位セメント量	多い	粘性が増	低い	しにくい	減	コンクリートの粘性が増加すると材料分離しにくく、ブリーディングも低減するが、流動性が低下（作業性が低下）する。コンクリートの粘性が減少すると流動性が向上（作業性が向上）するが、材料分離しやすく、ブリーディングも増加する。流動性と材料分離抵抗性の両方を同時に満足して、ワーカビリティーをよくすることが難しい。
	少ない	粘性が減	高い	しやすい	増	
セメントの粉末度（セメントの比表面積）	高い（大きい）	粘性が増	低い	しにくい	減	
	低い（小さい）	粘性が減	高い	しやすい	増	
単位水量	多い	粘性が減	高い	しやすい	増	
	少ない	粘性が増	低い	しにくい	減	
粗骨材の最大寸法	大きい	粘性が減	高い	しやすい	増	
	小さい	粘性が増	低い	しにくい	減	
細骨材率	大きい	粘性が増	低い	しにくい	減	
	小さい	粘性が減	高い	しやすい	増	
細骨材の粗粒率	大きい	粘性が減	高い	しやすい	増	
	小さい	粘性が増	低い	しにくい	減	
骨材の粒形・粒度	よい	単位水量が減	高い	しにくい	減	粒形・粒度のよい骨材の使用と混和材料の使用は、流動性を変えずに単位水量を減らせるので、材料分離抵抗性を増し、ワーカビリティーがよくなり、ブリーディングも減少する。
	わるい	単位水量が増	高い	しやすい	増	
混和材料の使用	あり	単位水量が減	高い	しにくい	減	
	なし	単位水量が増	高い	しやすい	増	

ワーカビリティーの測定（スランプ試験）　重要度 ★★★

ワーカビリティーの良否の判断には、フレッシュコンクリートの流動性や材料分離抵抗性の他にも、ポンパビリティー（ポンプ圧送の難易性）やプラスティ

シティー（型枠充填の難易性）、フィニッシャビリティー（表面仕上げの難易性）といった施工性など、多くの評価項目があります。しかし、これら評価項目が多数あるワーカビリティーを測定できる単一な試験方法はありません。そこで、一般に、**ワーカビリティーの代替特性値として**スランプが用いられます。

　スランプは、**フレッシュコンクリートのやわらかさの程度を示す指標**となるもので、スランプ試験により得られます。

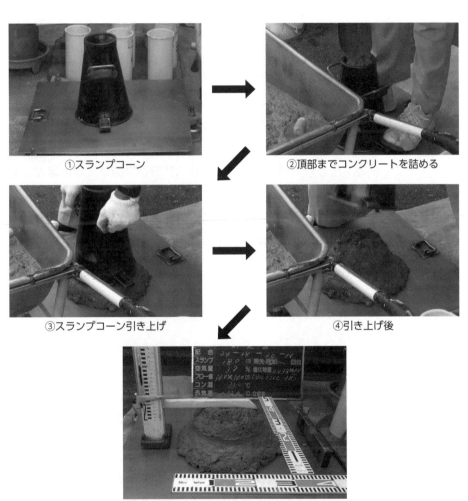

①スランプコーン

②頂部までコンクリートを詰める

③スランプコーン引き上げ

④引き上げ後

⑤スランプ値およびフロー値の計測

写真2.1　スランプ試験の流れ

スランプ試験は、JIS A 1101（コンクリートのスランプ試験方法）に規定されている試験方法です。高さ300mmのスランプコーンと呼ばれる円錐台形の器具の頂部までフレッシュコンクリートを詰め、スランプコーンを引き上げたときに**フレッシュコンクリートの頂部の下がった寸法を計測してスランプ値**とします。また、このときのフレッシュコンクリートの直径の広がりをフロー値といい、やわらかさや流動性の程度を示す指標となります。

なお、スランプコーンにコンクリートを詰める際には、コンクリートをほぼ等しい量の3層に分け、各層を突き棒で25回ずつ突いてコンクリートの材料分布に偏りがないようにします。**25回突くことで材料の分離を生じるおそれがあるときは、分離を生じない程度に突き数を減らします。**

私たちが日常耳にするスランプという言葉は、調子や成績が下がるという意味で使用されます。同様に、**コンクリートのスランプはコンクリートの下がり具合**を意味します。

コンクリートの下がる寸法が大きい、つまり、**スランプ値が大きいほど、そのコンクリートはやわらかい**ことを意味します。また、**試験時のコンクリートの下がるスピードや、スランプ測定後に平板の端を軽くたたいて振動を与えてその変形状態を見るなどにより、材料分離の抵抗性を推定**することができます。

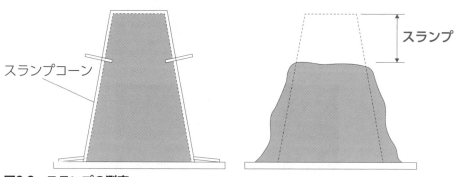

スランプコーン

スランプ

図2.2　スランプの測定

スランプは、その値が大きいコンクリートほど、材料分離しやすい傾向にあります。**スランプ値が大きくなる要因**としては、**単位水量が大きくなる、セメントの比表面積が大きくなる、細骨材率が小さくなる**などがあります。

問 フレッシュコンクリートの材料分離は、粗骨材の最大寸法が［①大きい、②小さい］ほど、生じやすい。

正解 ①大きい

解説

粗骨材の最大寸法が**大きい**ほど、使用する骨材が大きく、重いものになることから、材料分離しやすくなります。

問 フレッシュコンクリートの材料分離は、細骨材の粗粒率が［①大きい、②小さい］ほど、生じやすい。

正解 ①大きい

解説

細骨材の粗粒率が**大きい**（＝細かい目のふるいにとどまる骨材が多い＝粒径の大きい骨材が多い）ほど、使用する骨材が大きく、重いものになることから、材料分離しやすくなります。

問 フレッシュコンクリートの材料分離は、単位セメント量が［①多い、②少ない］ほど、生じやすい。

正解 ②少ない

解説

単位セメント量が**少ない**ほど、フレッシュコンクリートの粘性が低下して、材料分離を生じやすくなります。

問 フレッシュコンクリートの材料分離は、スランプが [①大きい、②小さい] ほど、生じやすい。

正解 ①大きい

解説

スランプは、コンクリートのやわらかさの程度を示す指標で、その値が**大きい**ほど、粘性が小さくやわらかいコンクリートであることを示します。

問 フレッシュコンクリートの凝結は、高温や直射日光にさらされると、[①早まる、②遅れる]。

正解 ①早まる

解説

フレッシュコンクリートの凝結は、周囲の温度やコンクリートの温度が高いほど、早まります。

問 フレッシュコンクリートの凝結は、水セメント比を大きくすると、[①早まる、②遅れる]。

正解 ②遅れる

解説

水セメント比は、水とセメントの質量比（＝水の質量/セメントの質量）のことです。水セメント比を大きくすると、セメント量が減るので、凝結も**遅く**なります。

問 フレッシュコンクリートの凝結は、糖類や腐植土が骨材や練混ぜ水に混入すると、[①早まる、②遅れる]。

正解 ②遅れる

解説

骨材や練混ぜ水に、糖類や腐植土などの不純物が混入すると硬化不良を生じやすくなり、凝結が遅くなります。

問 ブリーディングは、細骨材の粗粒率が[①大きい、②小さい]ほど、減少する。

正解 ②小さい

解説

使用する骨材が大きく、重くなるほどブリーディング量が増えます。粗粒率を小さくする（＝細かい目のふるいにとどまる骨材が少ない＝粒径の小さい骨材が多い）ことで、ブリーディング量は減少します。

問 ブリーディングは、細骨材率を[①大きく、②小さく]すると低減できる。

正解 ①大きく

解説

細骨材率を大きくする（＝全骨材に占める細骨材の割合が多い＝粗骨材の割合が少ない）と、骨材の全体的な質量が小さくなり、ブリーディング量が低減します。

問 ブリーディングは、水セメント比が ［①大きい、②小さい］ ほど、減少する。

正解 ②小さい

解説 ─────────────────────────────

水セメント比が**小さく**、単位セメント量の多いコンクリートほど粘性が大きくなり、ブリーディング量が減少します。

問 ブリーディングは、石灰石微粉末を使用して単位粉体量を多くすると、［①増大、②減少］ する。

正解 ②減少

解説 ─────────────────────────────

単位粉体量が多くなると、コンクリートの粘性が大きくなり、ブリーディング量が**減少**します。

問 エントラップトエアには、コンクリートのワーカビリティー改善効果が ［①ある、②ない]。

正解 ②ない

解説 ─────────────────────────────

エントラップトエアは、コンクリートを練り混ぜる際にコンクリート中に自然に取り込まれた空気泡で、比較的大きく、形状も不規則なことから、エントレインドエアのようなワーカビリティーや耐凍害性の**改善効果はありません**。

問 AE剤を用いたコンクリートでは、エントレインドエアが［①多い、②少ない］ほど、ブリーディング量は減少する。

正解 ①多い

解説 ───────────────────────

AE剤を用いたコンクリートでは、エントレインドエアのボールベアリング効果によって、その量が**多い**ほど、所要のワーカビリティーを得るのに必要な単位水量を減らすことができるので、ブリーディング量が減少します。

問 AE剤を用いたコンクリートでは、エントレインドエアが［①多い、②少ない］ほど、気泡間隔係数は小さくなる。

正解 ①多い

解説 ───────────────────────

気泡間隔係数は、空気泡の存在量を示すもので、その値はエントレインドエアが**多い**ほど小さくなります。

問 AE剤を用いたコンクリートでは、エントレインドエアが［①多い、②少ない］ほど、耐凍害性は低下する。

正解 ②少ない

解説 ───────────────────────

エントレインドエアには、コンクリートの耐凍害性を高める効果があり、その量が**少ない**と耐凍害性が低下します。

第2章 コンクリートの特性

一問一答要点チェック

問 スランプは、単位水量が［①大きく、②小さく］なると、小さくなる。

正解 ②小さく

解説

単位水量が**小さく**なると、コンクリートの粘性が増加して、スランプは小さくなります。

問 スランプは、空気量が［①増加、②減少］すると、大きくなる。

正解 ①増加

解説

微細な空気泡であるエントレインドエアが増加すると、ボールベアリング効果によってコンクリートの流動性が向上し、スランプが**増加**します。

問 人工軽量骨材を使用したコンクリートは、普通骨材を使用したコンクリートに比べ、スランプが［①大きく、②小さく］なる。

正解 ②小さく

解説

人工軽量骨材は、普通骨材に比べて軽いので、スランプは**小さく**なります。

━━━━━━━━ 学習のポイント ━━━━━━━━

硬化コンクリートに必要とされる各種の強度や変形性状、水密性といった特性について、それぞれの特徴を理解する。

硬化コンクリートに必要とされる特性には、強度や変形性状、水密性、耐久性といったものがあります。硬化コンクリートの性状は、コンクリート構造物の性能に大きく影響します。ここでは、硬化コンクリートの重要な特性である強度、変形性状、水密性、耐久性について解説します。

強度   重要度 ★★★

コンクリートの強度には、外力の作用する方向や状態によって、圧縮強度、引張強度、せん断強度、曲げ強度、支圧(しあつ)強度、鉄筋との付着強度などがあります。

コンクリートにおいて最も重要視される圧縮強度とそれ以外の強度について、特徴などを以下に示します。

(1) 圧縮強度

圧縮強度は、コンクリート部材を軸方向に押し縮めようとする外力に対する、コンクリートの最大の抵抗力(応力、応力度)です。圧縮強度の試験方法が、JIS A 1108(コンクリートの圧縮強度試験方法)に規定されています。また、圧縮強度の試験に用いる供試体(コンクリートやモルタルで作製された試験体)の作り方が、JIS A 1132(コンクリートの強度試験用供試体の作り方)に規定されています。

■ 供試体

供試体は、高さを直径の2倍とする円柱形とし、直径は粗骨材の最大寸法の3倍以上かつ100mm以上とします。供試体の直径は、100mm、125mm、150mmを標準とします。

供試体成形用の型枠は、金属製の円筒で変形や漏水のない寸法の正確なもので、組み立てたときに、型枠側面の軸と底板とが直角になるものを使用します。

供試体の加圧面（試験機の加圧板と密着する面）は、均等に荷重が加わるように、鋼板や板ガラスなどとセメントペーストを使用して、キャッピングで平らに仕上げます。

加圧面に凹凸があると、強度試験の結果に影響を及ぼします。特に、**加圧面が凸状**に出っ張っている場合、その出っ張りの小さい部分に荷重が集中してかかることになるので、**試験値に大きく影響し**、（真ではない）**見かけの圧縮強度（計測値）が低下**します。

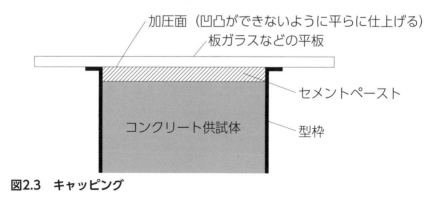

図2.3　キャッピング

供試体は、キャッピング終了の翌日に型枠を脱型して、強度試験を行うまで養生（強度発現を促す措置）します。養生は標準養生（温度を20±3℃に保った水中などで行う養生）とし、材齢は7日、28日、91日を標準とします。

■ 圧縮強度試験

コンクリートの圧縮強度試験は、養生終了直後の状態で行います。これは、

コンクリートの強度が、供試体の乾湿状態によって変化する場合があるからです。

　乾燥状態にある供試体は、湿潤状態にある供試体に比べて、見かけの強度（計測値）が大きくなります。このように、供試体の乾湿状態によって強度が変化しますが、**供試体の表層が乾燥している程度では、あまり影響はなく、強度の増大にまではいたりません。**

　供試体の寸法も圧縮強度に影響し、供試体が大きいほど、圧縮強度が小さくなる傾向があります。この影響を、**寸法効果**といいます。コンクリートの供試体には、最初から強度に影響を及ぼす欠陥（空隙や微細ひび割れ）が存在しますが、欠陥の存在する確率は供試体が大きくなるほど高くなります。

　以下に、その例を示します。

- 供試体の**断面形状が同じ場合、断面積が大きいほど強度は小さくなる**
- 供試体の**加圧面の直径が同じ場合、高さが高いほど強度は小さくなる**
- 供試体の**形状が相似であれば、供試体寸法が大きいほど強度は小さくなる**

　他にも、**供試体の形状**や試験時の**載荷速度、養生温度**など、**試験条件の違いが圧縮強度の値に影響**を及ぼします。

　見かけの圧縮強度が異なる要因には、次のものなどがあります。

- 供試体の**断面積が同じ場合、円形よりも角形のものの方が強度は小さくなる**
- 試験時の**載荷速度が速いほど、強度は大きくなる**
- 試験時の**養生温度が高いほど、初期強度が大きく、長期強度が小さくなる**
- **粗骨材の最大寸法が大きいほど**、ブリーディングなどにより粗骨材下面にできる空隙が大きくなり、**強度は小さくなる**

(2) 圧縮強度以外の強度

　圧縮強度以外の強度について、それぞれの特徴を以下に示します。

■ 引張強度

　引張強度は、コンクリート部材を軸方向に引き伸ばそうとする外力に対する、コンクリートの最大の抵抗力（引張応力・応力度）です。圧縮強度に比べて大変小さく、**圧縮強度の1/10から1/13程度の大きさ**です。一般に、割裂引張強度の値を用います。割裂引張強度は、円柱供試体を横にして直径方向に載荷し、コンクリートが割裂破壊したときの荷重から計算によって、間接的に求められる引張応力度の値です。

写真2.2　割裂引張強度試験における供試体の割裂破壊の様子

■ 曲げ強度

　曲げ強度は、コンクリート部材に曲げ変形を生じさせようとする外力に対する、コンクリートの最大の抵抗力（曲げモーメント、曲げ応力・応力度）です。曲げモーメントは、圧縮力と引張力の偶力のモーメントです。**曲げ強度は引張強度よりも大きく、圧縮強度の1/5から1/8程度の大きさ**です。

■ せん断強度

　せん断強度は、コンクリート部材の断面をずらそうとする外力に対する、コンクリートの最大の抵抗力（せん断応力・応力度）です。**圧縮強度の1/4から1/6程度**です。

■ **支圧強度**

　支圧強度は、コンクリート面の一部に圧縮荷重を受けたときの、コンクリートの最大の抵抗力（支圧応力・応力度）です。部分的に圧縮荷重を受けたときの最大圧縮荷重を、荷重が作用した面積で割って求めます。一般に、供試体の加圧面の全面に載荷した場合の**圧縮強度に比べて大**きくなります。

　一般のコンクリートの各強度の大きさを比較すると、

　支圧強度　＞　圧縮強度　＞　曲げ強度　＞　せん断強度　＞　引張強度

というように、支圧強度が最も大きく、引張強度が最も小さくなります。

■ **付着強度**

　鉄筋コンクリート造では、引張力に対しては鉄筋が抵抗しますが、その引張力は直接鉄筋に作用するわけではありません。引張力はコンクリートを介して、鉄筋に作用します。このとき、鉄筋とコンクリートの接触面に生じるせん断（すべり）に対する最大の抵抗力を付着強度といいます。

　付着強度は、使用する鉄筋の種類や配置する方向・位置によって異なります。鉄筋の種類では、表面が滑らかですべりやすい丸鋼に比べ、突起が付いてすべりにくい異形棒鋼の方が付着強度は大きくなります。鉄筋の配置では、フレッシュコンクリートの打設後の沈下が影響します。水平に配置した鉄筋は、フレッシュコンクリートの沈下により鉄筋下部に空隙が生じやすく、**鉛直に配置した鉄筋の方が付着強度は大**きくなります。また、**同じ水平に配置した鉄筋でも、配置した位置が上端と下端では、フレッシュコンクリートの沈下量の少ない下端の方が付着強度は大**きくなります。

変形性状　重要度 ★★★

　コンクリートの変形性状を示す主要なものに、弾性係数（ヤング係数）、ポアソン比、クリープがあります。また、コンクリートは収縮や膨張といった体積変化も生じます。

　コンクリートの変形性状について、以下に示します。

（1）弾性係数（ヤング係数）

　材料の変形のしにくさを表す弾性係数は、材料の応力度とひずみ度の関係から求められます。弾性係数は、圧縮強度とともに最も基本的なコンクリートの力学的性質です。

　圧縮強度試験における硬化コンクリートの応力度－ひずみ度（応力－ひずみ）曲線は、一般に、下図のようになります。

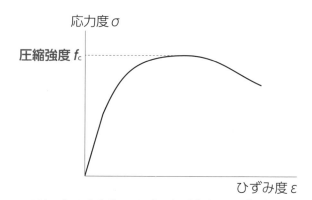

図2.4　硬化コンクリートの応力度－ひずみ度（応力－ひずみ）曲線

　硬化コンクリートの応力度—ひずみ度（応力—ひずみ）曲線は、応力度の小さい範囲ではきわめて直線に近くなるものの、応力度の大きい範囲になると、応力度の増加に比較してひずみ度の増加が大きくなって曲線形になり、圧縮強度を超えた後、応力度が減少して破壊にいたります。

　このように、コンクリートは鋼材のような明確な弾性性状を示しません。これは、応力の増加とともに、コンクリート内部に微細なひび割れが生じるからだと考えられています。

　応力度—ひずみ度曲線の弾性の勾配が、弾性係数です。**コンクリートは、応力度の小さい範囲から曲線になる**ので、弾性係数は応力度によって異なる値となってしまいます。そこで、**コンクリートは割線の勾配を弾性係数**とします。**割線とは、2つ以上の点で交わる直線のこと**です。コンクリートの弾性係数は、JIS A 1149（コンクリートの静弾性係数試験方法）の規定により、次の式か

ら求めます。

$$E = \frac{S_1 - S_2}{\varepsilon_1 - \varepsilon_2}$$

ここで、E：弾性係数

S_1：**最大応力度の1/3相当の応力度**

S_2：**ひずみ度の50×10^{-6}相当の応力度**

ε_1：応力度S_1により生じるひずみ度

ε_2：50×10^{-6}

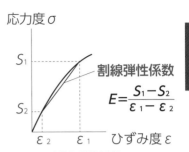

図2.5　割線弾性係数

　弾性係数は荷重の加え方によって、**静弾性係数**と**動弾性係数**があります。静弾性係数は、時間によって向きや大きさの変わらない静的な荷重を加えて求めたもの、動弾性係数は、振動などのように時間によって向きや大きさの変化する動的な荷重を加えて求めたものです。一般に、弾性係数（ヤング係数）といえば、静弾性係数のことを指します。

　コンクリートは完全な弾性体ではないことから、静弾性係数は割線弾性係数として求めます。これに対し、動弾性係数は供試体に縦振動などを与えて求めるもので、コンクリートを弾性体と仮定して計算します。よって、**静弾性係数**と**動弾性係数**では、**動弾性係数の方が大きくなり、その差は10%から40%程度**になります。

(2) ポアソン比

　圧縮強度試験でコンクリート供試体の軸方向に圧縮力が加わると、コンクリート供試体は軸方向に縮むと同時に横方向に伸びます。このような、軸方向加力時に軸方向に生じるひずみ（縦ひずみ ε）と軸と直交方向に生じるひずみ（横ひずみ ε'）の比を、**ポアソン比**といいます。

　一般的なコンクリートの**ポアソン比は、およそ1/5から1/7**ほどです。

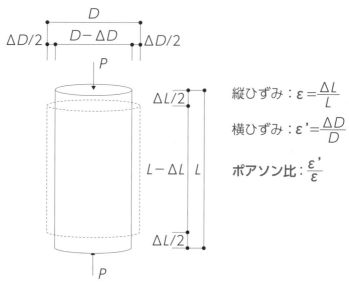

縦ひずみ：$\varepsilon = \dfrac{\Delta L}{L}$

横ひずみ：$\varepsilon' = \dfrac{\Delta D}{D}$

ポアソン比：$\dfrac{\varepsilon'}{\varepsilon}$

図2.6　ポアソン比

（3）クリープ

　梁などのコンクリート部材に、持続的に荷重が作用すると時間の経過とともにひずみが増大します。この現象をクリープといいます。

　クリープに影響を与える主な要因は、次のとおりです。

- **荷重が大きい**ほど、**クリープひずみは大**きくなる
- **載荷時の材齢が若い**ほど、**クリープひずみは大**きくなる
- **コンクリートが乾燥**すると、**クリープひずみは大**きくなる
- **部材寸法が小さい**ほどコンクリートが乾燥しやく、**クリープひずみが大**きくなる
- **セメントペースト量が多い**ほど、**クリープひずみは大**きくなる
- **水セメント比が大きい**ほど、**クリープひずみは大**きくなる
- **空隙が多い**コンクリートは、**クリープひずみが大**きくなる

（4）体積変化

　コンクリートは、水分量の減少や温度の低下によって収縮します。コンクリートの収縮は、有害なひび割れを生じさせる可能性があります。

　水分量の減少による収縮には、乾燥収縮と自己収縮があります。乾燥収縮は、温度が高くなるなどによって、コンクリート中の水分が蒸発して収縮する現象です。自己収縮は、セメントとの水和により水分が失われて収縮する現象です。

　乾燥収縮も自己収縮も、失われる水分量が多いほど収縮量が大きくなるので、単位水量が多いほど、またセメントペースト量が多いほど収縮量が大きくなります。

　コンクリートが水分を失う環境にあるときも収縮量は大きくなります。**乾燥収縮**では、**周囲の湿度が低いと乾燥しやすく、収縮量が大きくなり**、**自己収縮**では、**単位セメント量が多いほど、水セメント比が小さいほど**、セメント量が多くなることで水和によって失われる水分量が多くなり、**収縮量が大きくなり**ます。

　コンクリートは**表面から乾燥**します。**表面積が大きいほど、水分の蒸発量が大きくなります。**体積が同じコンクリートの場合、**断面寸法が小さいほど表面積が大きくなる**（＝断面寸法の大きい部材は、単位体積当たりの表面積の割合が大きい）ので、**乾燥収縮による収縮量が大きく**なります。例えば、次ページの図①（断面積2m^2）と②（断面積1m^2）の体積はどちらも4m^{3}で同じですが、表面積は①が16m^2、②が36m^{2}で②の方が大きくなります。よって、**乾燥収縮ひずみ**は、**断面積が大きく表面積の小さい、単位体積当たりの表面積の割合が小さい①の方が小さく**なります。

　コンクリート部材であれば、**厚い壁よりも薄い壁の方が乾燥収縮ひずみは大きく**なります。

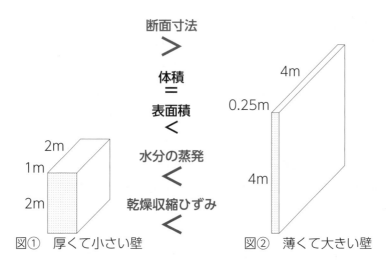

体　積①：1m×2m×2m＝4m³　　　体　積②：0.25m×4m×4m＝4m³

表面積①：2m×2m×2面　　　　　表面積②：4m×4m×2面

　　　　　＋1m×2m×4面＝16m²　　　　　　＋0.25m×4m×4面＝36m²

単位体積当たりの表面積の割合①　　単位体積当たりの表面積の割合②

　　　　：16m²÷4m³＝4m²/m³　　　　　　　：36m²÷4m³＝9m²/m³

　　　　乾燥収縮ひずみの大きさは、①　＜　②　となる。

図2.7　表面積と乾燥収縮ひずみ

　また、収縮量は、コンクリートの弾性係数にも影響を受けます。弾性係数の小さい（変形しやすい）コンクリートほど、収縮量は大きくなります。**弾性係数の小さい岩種を使用すると、コンクリートの弾性係数が低下するので、収縮量が大きくなります。**

水密性

　コンクリート内部への水の浸入や透過に対する抵抗性を、水密性といいます。水密性の指標には、透水係数（水の通しやすさの度合を示す係数）が用いられます。**水密性が高いコンクリートは、水を通しにくい、透水係数の小さいコンクリート**です。**水密性が低いコンクリートは、水を通しやすい、透水係数の大きいコンクリート**です。

　水密性は、**コンクリート中の空隙を少なくすることで、高くなります。**つまり、**水密性を高くするということはコンクリートを密実にするということ**であり、強度や外部からの浸食に対する抵抗性が高くなります。

　コンクリートの水密性は、水セメント比に大きく影響を受けます。**水セメント比が大きくなると、水密性が低下し、透水係数が大きくなります。**また、**粗骨材の最大寸法が大きいと**、ブリーディングなどにより粗骨材下面にできる空隙が大きくなるので、**水密性が低下し、透水係数が大きくなります。**

　コンクリートの水密性を高めるためには、骨材の粒度分布も重要です。コンクリート中の空隙が少なくなるように、粒度分布がよく、実積率の高い骨材を使用します。

　そして、施工の良否も水密性に大きく影響します。コンクリートの打込みは、材料分離を生じさせないように、ブリーディング量が少なくなるように行います。また、打継ぎはできるだけ避けて、一体的に打込むことも重要です。打込み終了後は、コンクリートが直射日光や強い風にさらされて急激な乾燥を生じないよう、適切に養生を行って初期ひび割れの発生防止に努めます。

問 圧縮強度と支圧強度では、一般に、［①圧縮強度、②支圧強度］の方が大きい。

正解 ②支圧強度

解説

支圧強度とは、部材の表面の一部に局部的に圧縮力を受けるときの圧縮強度で、一般に、供試体の加圧面の全面に載荷した場合の圧縮強度に比べて**大きく**なります。

問 曲げ強度と引張強度では、一般に、［①曲げ強度、②引張強度］の方が大きい。

正解 ①曲げ強度

解説

引張強度は圧縮強度の1/10から1/13程度の大きさ、曲げ強度は圧縮強度の1/5から1/8程度の大きさです。一般に、曲げ強度は引張強度よりも**大きく**なります。

問 供試体のキャッピング面の凹凸の強度の試験値に及ぼす影響は、［①凹、②凸］の場合の方が大きい。

正解 ②凸

解説

加圧面が**凸状に出っ張っている**場合、その出っ張りの小さい部分に荷重が集中してかかることになるので、試験値に大きく影響し、見かけの圧縮強度（計測値）が低下します。

問　円柱供試体の直径が同じ場合、供試体の高さが［①高い、②低い］ほど、強度の試験値は小さくなる。

正解　①高い

解説

供試体の寸法は強度に影響し、寸法効果により、供試体が**大きい**ほど強度が小さくなります。

問　圧縮強度試験により求められる応力-ひずみ関係は、破壊時までほぼ［①直線的、②曲線的］な挙動を示す。

正解　②曲線的

解説

コンクリートは、応力の増加とともにコンクリート内部に微細なひび割れが生じるため、応力—ひずみ関係は、破壊時までほぼ**曲線的**な挙動を示します。

問　コンクリートの弾性係数は、一般に、［①接線弾性係数、②割線弾性係数］が用いられる。

正解　②割線弾性係数

解説

コンクリートは、応力度の小さい範囲から曲線になるので、弾性係数は応力度によって異なる値となってしまいます。そこで、コンクリートは**割線の勾配を弾性係数**とします。

問 圧縮時のコンクリートのポアソン比は、[①1/2、②1/5]程度である。

正解 ②1/5

解説

軸方向加力時に軸方向に生じる縦ひずみと軸と直交方向に生じる横ひずみの比を、ポアソン比といいます。一般的なコンクリートのポアソン比は、およそ1/5から1/7ほどです。

問 圧縮強度は、試験時に湿潤状態にある供試体を乾燥させると、湿潤状態の場合より[①大きく、②小さく]計測される。

正解 ①大きく

解説

一般に、コンクリート供試体は、乾燥すると見かけ（真ではない）の圧縮強度や曲げ強度が**大きく**なります。なお、供試体の表層が乾く程度では強度は変化しません。

問 圧縮強度は、水セメント比が[①大きく、②小さく]なると、骨材の影響を受けやすくなる。

正解 ②小さく

解説

水セメント比が40〜50%の一般的なコンクリートの場合、外力によってセメントペーストと骨材の境界面に微細なひび割れが入り、そのひび割れが進展して破壊にいたります。よって、骨材自体の強度はコンクリートの強度にあまり影響しません。それに対し、高強度コンクリートのように水セメント比が25〜40%と小さいコンクリートの場合、セメントペーストの強度と付着力が高まり、破壊時には骨材にもひび割れが生じます。このように、水セメント比が**小さく**なると、圧縮強度は骨材の影響を受けやすくなります。

問 コンクリートの乾燥収縮ひずみは、断面寸法が［①大きい、②小さい］ほど大きくなる。

正解 ②小さい

解説

コンクリートの表面積が大きいほど、水分の蒸発量が大きくなり、乾燥収縮ひずみも大きくなります。体積が同じコンクリートの場合、断面寸法が**小さい**ほど表面積が大きくなります。

問 コンクリートの自己収縮ひずみは、水セメント比が［①大きい、②小さい］と大きくなる。

正解 ②小さい

解説

自己収縮では、単位セメント量が多いほど、水セメント比が**小さい**ほど、セメント量が多くなることで水和によって失われる水分量が多くなり、収縮量が大きくなります。

問 壁部材の厚さが［①大きい、②小さい］ほど、乾燥初期の乾燥収縮ひずみは大きくなる。

正解 ②小さい

解説

コンクリートの乾燥収縮は、部材の表面から内部へと進行します。部材の厚さが**大きい**と含水量も多く、乾燥しにくくなります。これに対し、部材の厚さが**小さい**と含水量も少なくなり、乾燥しやすくなることから、乾燥収縮ひずみが大きくなります。

問 コンクリートのクリープひずみは、一般に、部材の断面寸法が小さいほど［①大きく、②小さく］なる。

正解 ①大きく

解説

部材の断面寸法が小さいほど表面積が大きくコンクリートが乾燥しやすくなり、クリープひずみは**大きく**なります。

問 コンクリートの透水係数は、一般に、粗骨材の最大寸法が［①大きい、②小さい］ほど大きい。

正解 ①大きい

解説

粗骨材の最大寸法が大きいと、ブリーディングなどにより粗骨材下面にできる空隙が大きくなるので、水密性が低下し、透水係数が**大きく**なります。

学習のポイント

コンクリート構造物の耐久性を低下させるひび割れの種類と特徴、また、ひび割れの要因となるコンクリートの中性化やアルカリシリカ反応、塩害、凍害について理解する。

コンクリートを主体として構成されるコンクリート構造では、補強材としてその多くで鉄筋が使用されます。コンクリートは強いアルカリ性の性質を持つことから、コンクリートに覆われることで鉄筋は腐食から守られています。しかし、鉄筋がコンクリート内で腐食を生じると、その腐食によって鉄筋の体積が膨張し、コンクリートにひび割れやはく離、はく落を生じさせ、コンクリート構造の耐久性を低下させます。ここでは、ひび割れをはじめ、コンクリート構造物の耐久性を低下させる要因について解説します。

ひび割れの種類　　　　　重要度 ★★★

コンクリート構造に悪影響を及ぼすようなひび割れは、**有害なひび割れ**と呼ばれます。有害なひび割れは、部材に大きなたわみを生じさせたり、コンクリート構造内部の鉄筋を腐食させたり、漏水を生じさせたり、美観を損ねたりする、幅が広く深さの深いひび割れです。

コンクリートに生じる主なひび割れを、以下に示します。

(1) 乾燥収縮ひび割れ

壁や床のように薄い部材は、その体積に比べて表面積が大きく、表面からの水分の蒸発量が多くなります。一方、その周囲を囲むように配置される柱や梁のような厚い部材は、乾燥しにくく弾性係数が大きい（変形しにくい）部材です。これにより、**壁や床は乾燥による収縮が周囲の柱や梁に拘束されて、壁や**

床の面内には引張力が発生して、ひび割れを生じます。また、壁や床に開口部がある場合は、開口部の隅角部から斜めに乾燥収縮によるひび割れが生じます。

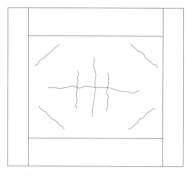
①柱と梁に拘束された壁

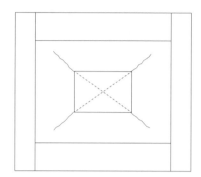
②開口部のある壁

図2.8　壁の乾燥収縮ひび割れの例

　また、コンクリートがまだ固まる前のやわらかい状態（プラスティック）のときに、コンクリート表面が急激に乾燥することで生じるひび割れを、プラスティック収縮ひび割れといいます。**プラスティック収縮ひび割れの対策として**は、**直射日光を防ぐ**などが有効です。

（2）鉄筋の腐食ひび割れ

　鉄筋は腐食を生じると、その進行に伴って腐食部分の体積が膨張し、鉄筋部分の断面積が減少します。**腐食部分の体積膨張**は、その膨張圧によってコンクリートにひび割れやはく離、はく落を生じさせます。**鉄筋断面の減少**は、構造強度を低下させます。**鉄筋の腐食**は、コンクリート構造の強度や耐久性を低下させます。**鉄筋の腐食ひび割れ**は、鉄筋に沿って生じやすい傾向があります。

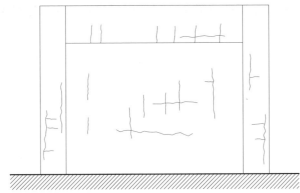

図2.9 鉄筋の腐食によるひび割れの例

(3) 温度ひび割れ

　温度ひび割れは、マスコンクリートで最も問題となる現象です。**断面寸法の大きいマスコンクリートなどでは、内部の水和熱が外部に放出されるのに時間がかかり、蓄積されて内部温度が上昇し、ひび割れを生じます。これを、温度ひび割れといいます。**

　温度ひび割れには、**内部の温度が上昇する際に、表面に近い部分が中心に近い部分に引っ張られてひび割れが生じる内部拘束による温度ひび割れ**と、**内部の温度が降下する際に、部材の周囲の拘束により、縮もうとする部材が引っ張られてひび割れが生じる外部拘束による温度ひび割れ**があります。

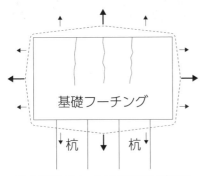

①内部拘束による温度ひび割れ

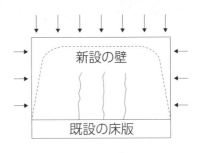

②外部拘束による温度ひび割れ

図2.10 温度ひび割れの模式図

第2章 コンクリートの特性

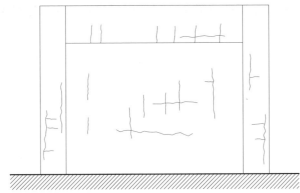

図2.9 鉄筋の腐食によるひび割れの例

(3) 温度ひび割れ

　温度ひび割れは、マスコンクリートで最も問題となる現象です。**断面寸法の大きいマスコンクリートなどでは、内部の水和熱が外部に放出されるのに時間がかかり、蓄積されて内部温度が上昇し、ひび割れを生じます。これを、温度ひび割れといいます。**

　温度ひび割れには、**内部の温度が上昇する際に、表面に近い部分が中心に近い部分に引っ張られてひび割れが生じる内部拘束による温度ひび割れ**と、**内部の温度が降下する際に、部材の周囲の拘束により、縮もうとする部材が引っ張られてひび割れが生じる外部拘束による温度ひび割れ**があります。

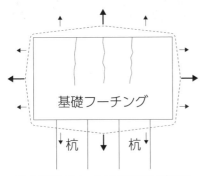

①内部拘束による温度ひび割れ

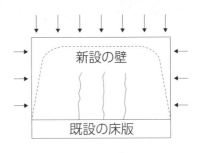

②外部拘束による温度ひび割れ

図2.10 温度ひび割れの模式図

第2章 コンクリートの特性

3. コンクリート構造物の耐久性　089

（4）アルカリシリカ反応（アルカリ骨材反応）によるひび割れ

アルカリシリカ反応（アルカリ骨材反応）が生じると、**反応生成物が、水分を吸収して膨張し、周囲のコンクリートにひび割れを生じさせ**ます。なお、コンクリート部材の拘束の状態によって、ひび割れの入り方が異なります。周囲を柱や梁に拘束される壁などは、カメの甲羅の模様のように、**亀甲状（網状）にひび割れが生じ**ます。柱や梁には、軸方向にひび割れが生じます。また、PC鋼材により強く拘束される**プレストレストコンクリート部材**では、PC鋼材に沿ってひび割れが生じる傾向があります。

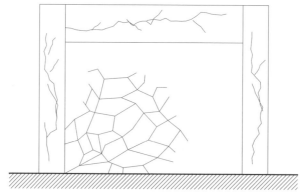

図2.11　アルカリシリカ反応（アルカリ骨材反応）によるひび割れの例

コンクリートの中性化　重要度 ★★★

コンクリートを主体として構成されるコンクリート構造は、補強材としてその多くで鉄筋が使用されます。コンクリートは強いアルカリ性の性質を持つことから、コンクリートに覆われることで鉄筋は腐食から守られています。しかし、空気中の炭酸ガス（二酸化炭素）によって、コンクリートは徐々にアルカリ性を失い、中性化していきます。その**速さは、炭酸ガス（二酸化炭素）の濃度が高いほど速く**、また、**経過年数の平方根に比例**します。中性化は、コンクリート自体に悪い影響を及ぼすものではありませんが、コンクリート構造の表面から時間の経過とともに中性化が徐々に進行していくと、内部の鉄筋が腐食

しやすくなります。

　コンクリート内には微細な空隙があり、そこには水和反応で使われなかった水分が残ります。この空隙に空気中の二酸化炭素が入り込み、空隙中の水分に溶け込んで炭酸カルシウムを生成し、コンクリートの中性化が進みます。

　このように、**コンクリートの中性化はコンクリートの空隙に二酸化炭素が入り込んで水に溶け込むことにより生じる**ので、この**空隙に二酸化炭素が入り込まないようにするか、空隙中の水分を少なくすれば中性化は進行しにくくなります**。

　コンクリート表面に水がかかると、水が表面からコンクリート内の空隙に侵入し、空隙が水で満たされて二酸化炭素の入り込む余地が無くなり、**中性化しにくくなります**。コンクリート表面にタイルなどの仕上げ材が施されていなければ、**雨によってコンクリート表面に水のかかる屋外側の方が屋内側に比べて、中性化の進行は遅くなります**。

　また、**空気が著しく乾燥している場合も**、コンクリートの空隙中の水分が蒸発して減少することから、**中性化しにくくなります**。

　中性化によるコンクリート構造物の劣化の過程は、**最初に鉄筋が腐食し、その後に鉄筋の腐食膨張によるコンクリートのひび割れ発生と鉄筋の断面欠損が進展して、構造物の強度や剛性、耐久性が低下します**。

アルカリシリカ反応　　　　　　　　重要度 ★★★

　アルカリシリカ反応は、アルカリ骨材反応の1つです。一般に、アルカリ骨材反応といえば、このアルカリシリカ反応のことを指します。**コンクリート中のアルカリ分と骨材中の反応性鉱物とが化学反応を起こして生成された反応生成物が、水分を吸収して膨張し、周囲のコンクリートにひび割れを生じさせるなど、コンクリートの耐久性などを低下させる原因**となるものです。

　アルカリシリカ反応は、アルカリ分、反応性骨材、水分の存在によって生じます。このことから、**アルカリシリカ反応の抑制方法**には、次のものなどがあります。

- 危険性のある骨材を使用しない

  ※なお、アルカリシリカ反応による膨張は、反応性骨材の量の多い少ない
  よりも、ペシマム量が影響します。**ペシマム量**とは、**アルカリシリカ反
  応による膨張量が最大となる反応性骨材の割合**のことです。**ペシマム量
  は、セメント中のアルカリ量や骨材の種類・粒度により変化**します。
- コンクリート中のアルカリ量を、**低アルカリ形セメントを使用**するなどし
  て低減する
- アルカリ骨材反応に対して抑制効果のある**フライアッシュセメントB種（分
  量15%以上）、C種などの混合セメントを使用**する
- コンクリートを**気乾状態（乾燥状態）に保つ**

　アルカリシリカ反応によるコンクリート構造物の劣化の過程は、**最初に反応
生成物の膨張によりひび割れが発生**し、**その後のひび割れの進展によって鉄筋
の腐食が発生、鉄筋の断面欠損も生じて、構造物の強度や剛性、耐久性が低下**
します。

塩害

　塩害とは、何らかの要因でコンクリート中に入り込んだ塩化物イオンによっ
て、**コンクリート構造内部の鉄筋が腐食**し、**錆の体積膨張によるコンクリート
のひび割れやはく離・はく落、鉄筋断面の欠損**が生じて、建物の性能を低下さ
せる現象です。
　塩化物イオンは、**海水や潮風のようにコンクリート構造の外部から侵入**する
場合と、コンクリート製造時に使用する**骨材などのように内部から侵入**する場
合とがあります。よって、**塩化物イオンのコンクリート内部への侵入を防ぐ**こ
とが、塩害の抑制に有効です。このことから、**塩害の抑制方法**には、次のもの
などがあります。

- 水セメント比を小さくして、コンクリートを緻密にする

- コンクリートのかぶり厚さを大きくする

また、**コンクリート以外の材料による塩害の抑制方法**として、タイルなどの仕上げ材でコンクリート表面を覆う、エポキシ樹脂塗装鉄筋やステンレス鉄筋などの耐食性のある鉄筋を使用するといった方法も有効です。

塩害によるコンクリート構造物の劣化の過程は、**最初に鉄筋が腐食し、その後に鉄筋の腐食膨張によるコンクリートのひび割れ発生と鉄筋の断面欠損が進**展して、構造物の強度や剛性、耐久性が低下します。

凍害　　　　　　　　　　　　　　　　重要度 ★★★

凍害とは、**コンクリート中の水分が凍結融解を繰り返す**ことで、コンクリート表面にひび割れやはく離・はく落が生じて、表面部分から劣化していく現象です。

凍害を受けると、**コンクリート表面が薄片状にはく離・はく落するスケーリング**や、**微細なひび割れ**、**コンクリート内の膨張圧によって表面が円錐状に部分的にはく離するポップアウト**などの劣化現象が生じます。

コンクリート中の水分が凍結すると体積が膨張し、その圧力によってコンクリートに微細なひび割れが入り、凍結と融解が繰り返されることで、その損傷は次第に大きくなっていきます。**凍害を抑制するには、凍結融解に対する抵抗性を増加させることが重要です。凍害の抑制には、凍結の原因となる水量を少**なくして、セメント量を多くする（水セメント比を小さくする）、また、AE剤やAE減水剤を使用してコンクリート内に微細で独立した空気泡を連行することが有効です。

凍害によるコンクリート構造物の劣化の過程は、**最初にコンクリート中の水**分の凍結融解により微細ひび割れスケーリングが開始し、**その後のスケーリングの進展によって骨材の露出やはく落も進展、鉄筋も露出して錆が発生し、構**造物の強度や剛性、耐久性が低下します。

問 壁や床のように薄い部材は、周囲の柱や梁のような厚い部材に拘束されるので、乾燥収縮ひび割れが生じ［①やすく、②にくく］なる。

正解 ①やすく

解説

壁や床は乾燥による収縮が周囲の柱や梁に拘束されるので、壁や床の面内に引張力が発生して、ひび割れを生じ**やすく**なります。

問 柱や梁のアルカリシリカ反応によるひび割れは、［①亀甲状に、②軸方向に］生じる。

正解 ②軸方向に

解説

アルカリシリカ反応によるひび割れは、コンクリート部材の拘束の状態によって異なり、柱や梁には**軸方向**にひび割れが生じます。

問 炭酸ガスの濃度が高いほど、コンクリートの中性化の進行が［①速く、②遅く］なる。

正解 ①速く

解説

空気中の炭酸ガス（二酸化炭素）によって、コンクリートは徐々にアルカリ性を失い、中性化していきます。その速さは、炭酸ガス（二酸化炭素）の濃度が高いほど**速く**なります。

問 コンクリートが著しく乾燥している場合や濡れている場合には、コンクリートの中性化の進行は、［①速く、②遅く］なる。

正解 ②遅く

解説

コンクリートの中性化はコンクリートの空隙に二酸化炭素が入り込んで水に溶け込むことにより生じます。コンクリートが著しく乾燥している場合は、コンクリートの空隙中の水分が蒸発して減少するので、中性化が**遅く**なります。また、コンクリート表面に水がかかると水が表面からコンクリート内の空隙に侵入し、空隙が水で満たされて二酸化炭素の入り込む余地が無くなるので、中性化が**遅く**なります。

問 アルカリシリカ反応による膨張は、コンクリートが湿潤状態にある場合に比べて気乾状態にある場合の方が、進行［①しやすい、②しにくい］。

正解 ②しにくい

解説

アルカリシリカ反応による膨張は、反応生成物が水分を吸収して生じるので、コンクリートが気乾状態（乾燥状態）にあると、進行**しにくく**なります。

問 アルカリシリカ反応の抑制には、フライアッシュセメント［①A種、②C種］の使用が有効である。

正解 ②C種

解説

アルカリシリカ反応は、セメントにフライアッシュを混入することで抑制できます。JISでは、フライアッシュの分量が15％以上であるフライアッシュセメント**B種**または**C種**を使用することでアルカリシリカ反応を抑制できるとしています。

一問一答要点チェック

問 水セメント比を［①大きく、②小さく］することは、塩化物イオンのコンクリートへの侵入抑制に有効である。

正解 ②小さく

解説
水セメント比を小さくすると、コンクリートが緻密になるので、塩化物イオンがコンクリートへ侵入しにくくなります。

問 水セメント比を［①大きく、②小さく］することは、コンクリートの凍害抑制に有効である。

正解 ②小さく

解説
コンクリートの凍害抑制に、凍結の原因となる水量を少なくしてセメント量を多くする、つまり水セメント比を小さくすることは有効です。

第 3 章

配合、調合設計

コンクリートは、それを構成する材料の種類や割合、分量を変えることによって、強度や耐久性などの性質を変えることができます。建設しようとする構造物に求められる品質に応じたコンクリートを製造するために、コンクリートを構成する材料の量や割合を計画・計算することを、配合設計または調合設計といいます。土木学会示方書では配合設計、JASS5では調合設計と呼んでいます。

この章では、配合設計や調合設計の計画と、計算方法について学びます。

マスターしたいポイント！

1 配合、調合の計画

- [ ] 配合、調合の計画がコンクリートの性質に及ぼす影響
- [ ] 水セメント比、単位水量、単位セメント量、単位粗骨材量、単位細骨材量、空気量の計画

2 配合、調合の計算

- [ ] 配合、調合計算の方法
- [ ] 示方配合、計画調合の表し方

配合、調合の計画

配合、調合の計画がコンクリートの性質に及ぼす影響について、その基本的事項を理解する。

コンクリートの製造において、それを構成する材料の使用する割合や使用する量を、配合や調合といいます。そして、この**配合、調合を決定する計算の過程**を、土木学会「コンクリート標準示方書」（以下、土木学会示方書）では**配合設計**、日本建築学会「建築工事標準仕様書・同解説 JASS5 鉄筋コンクリート工事」（以下、JASS5）では**調合設計**と呼んでいます。コンクリートの配合、調合設計を行う際には、最初に、これからつくるコンクリートの目標とする品質を設定します。目標品質は、まだ固まらない状態にあるフレッシュコンクリートと硬化後のコンクリートについて設定します。

フレッシュコンクリートに求められる主な品質は、ワーカビリティー（施工性）です。ワーカビリティーは、フレッシュコンクリートの施工の容易性を表すもので、**主にスランプと空気量で測ります。スランプは、コンクリートの流動性の程度**を表します。また、**コンクリートに含まれるエントレインドエア**（AE剤などにより連行された独立した微細な空気泡）には、コンクリートの流動性を高める効果があることから、**空気量もワーカビリティーに影響を与えます**。

硬化後のコンクリートに求められる主な品質は、強度と耐久性です。コンクリートに必要とされる強度は、設計基準強度によって与えられます。設計基準強度は、構造設計を行う際に基準となるコンクリートの圧縮強度で、構造物が外力に対して安全を保つために必要となる強度です。**コンクリートの圧縮強度は、水セメント比から設定**します。また、**耐久性は、コンクリートの中性化の速度や、耐凍害性が目安**となります。**コンクリートの中性化速度は、セメント量に影響**を受けます。**耐凍害性は、空気量に影響**を受けます。これらのコンク

リートに求められる品質が、配合、調合設計において目標となる品質です。

水セメント比の計画　重要度 ★★★

　フレッシュコンクリート中の水とセメントとの質量比を、水セメント比といいます。**コンクリートの圧縮強度**は、**主にこの水セメント比に影響を受ける**といわれています。

　水セメント比が小さいほど、コンクリートの圧縮強度は大きくなり、耐久性や水密性も高くなります。

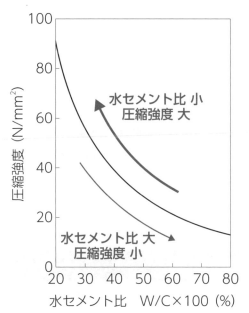

図3.1　水セメント比と圧縮強度の関係の例

　水セメント比を小さくすることの効果には、他にも次のものなどがあります。

- 圧縮強度が大きくなることで、**すり減りに対する抵抗性が向上**する
- **中性化に対する抵抗性が向上**し、耐久性が高くなる

水セメント比が大きくなると、コンクリートの圧縮強度や耐久性、水密性が低下し、乾燥収縮によるひび割れも生じやすくなります。JASS5などでは、水セメント比の最大値が規定されています。

単位水量の計画　重要度 ★★★

1m^{3}のコンクリートをつくるのに必要な水の量を、単位水量といいます。

コンクリートの水量を大きくすると、流動性は高くなりますが、強度や耐久性、水密性が低下し、また、材料分離や乾燥収縮によるひび割れを生じやすくなります。そこで、単位水量は、必要なワーカビリティーを得られる範囲で、できるだけ小さくします。JASS5などでは、普通コンクリートの場合、単位水量を185kg/m^{3}以下とすることが規定されています。

次のような場合、所定のスランプを得るために必要な**単位水量が大きく**なります。

- 泥分や石粉などの**微粒分の多い細骨材を使用**した場合
- 角張っていたり偏平であったりなどの**粒径のよくない、実積率の小さい粗骨材を使用**した場合
- **粗骨材に砕石を使用**した場合

単位セメント量の計画　重要度 ★★★

1m^{3}のコンクリートをつくるのに必要なセメントの量を、単位セメント量といいます。

コンクリートのセメント量を多くすると、強度や耐久性、水密性が高くなり、材料分離を生じにくくなります。その反面、水和反応による発熱（水和熱）が上昇し、温度応力の増加やひび割れが生じやすくなります。JASS5などでは、普通コンクリートの場合、単位セメント量を270kg/m^{3}以上とすることが規定されています。

単位粗骨材量の計画　　重要度 ★★★

　1m³のコンクリートをつくるのに必要な粗骨材の量を、単位粗骨材量といいます。土木学会示方書には、構造物の種類ごとに、標準的な粗骨材の最大寸法が示されています。

　粗骨材の最大寸法を大きくすると、所定のスランプを得るために必要な**単位水量と単位セメント量を小さくでき、コンクリートの収縮量を少なくできます**。その反面、粗骨材の下面に空隙ができやすくなることから、**透水係数が大きく（水を通しやすく）なり、水密性が低下**します。

単位細骨材量の計画　　重要度 ★★☆

　1m³のコンクリートをつくるのに必要な細骨材の量を、単位細骨材量といいます。

　細骨材の割合が大きくなると、粘性が増し、スランプが小さくなります。

空気量の計画　　重要度 ★★★

　コンクリートに含まれる空気のうち、**エントレインドエア**には**ワーカビリティーを改善させる効果**があり、所要のワーカビリティーを得るのに必要な**単位水量を小さくすることができます**。また、**耐凍害性を向上させる効果**もあります。

　なお、**空気量が多くなると、コンクリート中の空隙が増える**ことになり、強度の低下の原因になります。空気量が過度に多くならないように、注意が必要です。

試し練りと配合、調合の補正　　重要度 ★★★

　計画した配合、調合で、**所定のコンクリートが得られるかどうかを確認する**

ために、試験的に実際に行う練混ぜを、試し練りといいます。

　試し練りの結果、計算に誤りがなく、試し練りも厳密に行われていることを確認したうえで、**計画の際に目標とした品質を確保できなかった場合、目標とした品質を確保できるように配合、調合を補正します。**

　試し練りの結果、目標としたワーカビリティーが得られなかった場合は、細骨材率の増減により補正します。細骨材率は、コンクリート中の全骨材量に対する細骨材量の割合で、細骨材率が大きくなる（細骨材の割合が増える）と、フレッシュコンクリートの粘性も大きくなり、細骨材率が小さくなる（細骨材の割合が減る）と、フレッシュコンクリートの粘性も小さくなります。**細骨材率を大きくする場合は、粘性が大きくなるので、所定のスランプを得るために必要な単位水量は大きくなります。**

問 すり減りに対する抵抗性は、水セメント比を［①大きく、②小さく］すると、小さくなる。

正解 ②小さく

解説

水セメント比を小さくすると、圧縮強度が大きくなることですり減りに対する抵抗性が向上します。

問 水和熱による温度上昇は、単位セメント量を［①多く、②少なく］すると、大きくなる。

正解 ①多く

解説

コンクリートのセメント量を多くすると、水和反応による発熱（水和熱）が上昇し、温度応力の増加やひび割れが生じやすくなります

問 透水係数は、粗骨材の最大寸法を［①大きく、②小さく］すると、大きくなる。

正解 ①大きく

解説

粗骨材の最大寸法が大きくなると、粗骨材の下面に空隙ができやすくなることから、透水係数が大きくなり、水密性が低下します。

問 所要のワーカビリティーが得られる範囲内で、単位水量はできるだけ[①大きく、②小さく]する。

正解 ②小さく

解説

コンクリートの水量を**大きく**すると、強度や耐久性、水密性が低下し、また、材料分離や乾燥収縮によるひび割れを生じやすくなります。単位水量は、必要なワーカビリティーを得られる範囲で、できるだけ**小さく**します

問 水セメント比は、所要の強度や耐久性、水密性などを満足するそれぞれの値のうちから、最も[①大きい、②小さい]値を満足するように決定する。

正解 ②小さい

解説

水セメント比は、その値が**小さい**ほど強度や耐久性、水密性などが向上します。よって、水セメント比は、これらを満足する値のうち、最も**小さい**値とします。

問 実績率の[①大きい、②小さい]粗骨材を用いれば、同一スランプを得るための単位水量を減らすことができる。

正解 ①大きい

解説

球形に近い粒径のよい、実績率の**大きい**粗骨材を使用すると、コンクリートの流動性が向上するので、単位水量を減らすことができます。

学習のポイント

製造するコンクリートが、所定の品質を得られるように行う配合、調合の計画について、その基本的事項を理解する。

コンクリートを構成する材料の使用量（配合、調合）は、コンクリート$1m^3$当たりに必要な量として表されます。配合設計、調合設計によって、**所定の品質のコンクリートが得られるような配合、調合を示方配合、計画調合**といい、コンクリート$1m^3$当たりの使用する材料の質量（単位：kg/m^3）で表します。

ここでは、配合、調合の計算の基本的事項と表し方について解説します。

配合、調合設計の考え方 　　　重要度 ★★★

配合、調合（コンクリートを構成する材料の使用量）は、$1m^3$のコンクリートをつくるのに必要な量として表されます。その表し方には、**質量表示**と**容積表示**があります。**質量表示**は、**コンクリート$1m^3$中の各材料の質量**（単位：kg/m^3）を、**容積表示**は、**コンクリート$1m^3$中に占める各材料の容積**（単位：l/m^3）をそれぞれ表します。

配合、調合計算では、**$1m^3$のコンクリートをつくるのに必要な水、セメント、細骨材、粗骨材、化学混和剤**などの材料を、**$1,000l$の容器にすき間なく詰め込んだときの量（絶対容積）**として考えます。

配合、調合設計は、次の式で表すことができます。

単位水量（W）＋単位セメント量（C）＋単位細骨材量（S）＋単位粗骨材量（G）＋空気量（A）＝1,000　（l/m^3）

コンクリートに要求される強度やスランプ、空気量などの条件を満たすように、上式を決定するのが配合、調合設計です。配合、調合は最終的に、**コンクリート$1m^3$当たりの使用する材料の質量**（単位：kg/m^3）で表します。

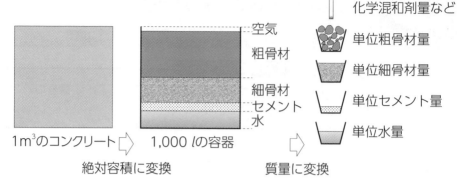

図3.2 配合、調合設計のイメージ

質量と容積の関係式は、**質量 ＝ 容積 × 密度**です。

例えば、絶対容積360 l/m^3の表乾密度2.66g/cm^3の粗骨材の質量は、

$360l/m^3 \times 2.66g/cm^3 = 360l/m^3 \times 2.66kg/l ≒ 958kg/m^3$

となります（密度の単位g/cm^3 ＝ kg/l）。

また、水の場合、質量は通常1.00g/cm^3として計算します。例えば、絶対容積175 l/m^3の水の質量は、

$175l/m^3 \times 1.00g/cm^3 = 175l/m^3 \times 1.00 kg/l = 175kg/m^3$

となります。

ミニ知識

容積と質量との関係

容積は、物質を容器いっぱいに入れたときの物質の量（容量）です。**同じ容積でも、物質によってその質量は異なります。**

容積と質量との関係は、次式で表されます。

質量 ＝ 容積 × 密度、および、 容積 ＝ 質量 ／ 密度

この式からもわかるように、**同じ容積であれば、密度の高い材料（中身の詰まり具合が大きい材料）ほど質量は大きくなり、同じ質量であれば、密度の低い材料（中身の詰まり具合が小さい材料）ほど容積は大きくなります。**重量骨材と軽量骨材を同じ大きさの容器に詰めて比較した場合、高密度の重量骨材の方が質量は大きくなります。

ここでは、具体的な配合、調合設計の手順について示します。**所要の圧縮強度、スランプ、空気量の条件を満たすように設計**します。

（1）配合強度、調合強度の決定

配合強度、調合強度は、コンクリートの配合、調合を決める場合に目標とする強度です。設計基準強度などから決定します。設計基準強度とは、構造計算を行う際に基準となるコンクリートの強度です。

（2）水セメント比（記号：W/C）の決定

必要となる配合強度、調合強度が得られるように、水セメント比を決定します。水セメント比は、次式のように単位水量（記号：W）と単位セメント量（記号：C）との質量比として、質量百分率で表されます。

水セメント比（単位：%）$= W/C \times 100$

水セメント比は、コンクリートに必要とされる**圧縮強度と耐久性（中性化の速度）から決定**します。

（3）単位水量（記号：W）の決定

単位水量W（単位：kg/m^3）は、**所要スランプと水セメント比から決定**します。

必要なワーカビリティーを損なわない範囲で、できるだけ少なくします。

（4）単位セメント量（記号：C）の決定

単位セメント量C（単位：kg/m^3）は、**水セメント比W/Cと単位水量Wから計算して、決定**します。

（5）単位粗骨材量（記号：G）の決定

単位粗骨材量G（単位：kg/m^3）は、**単位粗骨材かさ容積と粗骨材の単位容**

積質量の積により算定します。単位粗骨材かさ容積とは、コンクリート1m³中の粗骨材の標準計量容積（かさ容積）です。

（6）単位細骨材量（記号：S）の決定

単位細骨材量S（単位：kg/m³）は、

コンクリート1m³＝$W + C + S + G + A$ ＝ 1,000（l/m^3）　より、

$S = 1,000 - (W + C + G + A)$の式から求めます。

このときの空気量Aは、所要の値から求めます。例えば、所要の空気量が4.5%であれば、

$A = 1,000 (l/m^3) \times 4.5\% = 1,000 \times 0.045 = 45 (l/m^3)$

となります。

ここで、細骨材率は、全骨材量に対する細骨材量の割合として次式で表されます。

細骨材率（単位：%）＝細骨材の絶対容積／（細骨材の絶対容積＋粗骨材の絶対容積）×100

示方配合、調合計画の表し方　　重要度 ★★★

配合設計、調合設計の結果、**所定の品質のコンクリートが得られるような配合、調合を示方配合、計画調合といい、コンクリート1m³当たりの使用する材料の質量（単位：kg/m³）で表します。**

土木学会コンクリート標準示方書の配合（示方配合）と、日本建築学会コンクリートの調合設計指針・同解説の調合（計画調合）の表し方の例を以下に示します。

表3.1 示方配合の表し方の例

粗骨材の最大寸法	スランプ	空気量	水セメント比	細骨材率	単位量 (kg/m³)						
					水	セメント	混和材	細骨材	粗骨材 G		混和剤
									mm~ mm	mm~ mm	
(mm)	(cm)	(%)	W/C (%)	s/a (%)	W	C	F	S			A

表3.2 計画調合の表し方の例

品質基準強度	調合管理強度	調合強度	スランプ	空気量	水セメント比	細骨材率	単位水量	絶対容積 (l/m³)			質量 (kg/m³)				化学混和剤の使用量	計画調合上の最大塩化物イオン量
								セメント	細骨材	粗骨材	混和材	セメント	細骨材	粗骨材	混和材		
(N/mm²)	(N/mm²)	(N/mm²)	(cm)	(%)	(%)	(%)	(kg/m³)									(ml/m³) または (C×%)	(kg/m³)

計算問題要点チェック

以下に示す配合表の空欄（1）～（3）に入る数値を求めよ。ただし、セメントの密度は 3.15g/cm³、細骨材の表乾密度は 2.62g/cm³、粗骨材の表乾密度は 2.66g/cm³ とする。

空気量	水セメント比	細骨材率	単位量 (kg/m³)			
			水	セメント	細骨材	粗骨材
(%)	(%)	(%)				
(1)	(2)	(3)	180	360	815	945

解答

表より、水とセメントの単位量（質量）がわかるので、まず単位水量と単位セメント量との質量比である、水セメント比が下式のように算出できます。

水セメント比（単位：%）= 単位水量 / 単位セメント量 × 100
= 180 / 360×100= 50（%）

次に、表より単位細骨材量、単位粗骨材量の質量がわかっていることから、細骨材率を下式から算出できます。

細骨材率（単位：%）= 細骨材の絶対容積／（細骨材の絶対容積＋粗骨材の絶対容積）×100

ここで、細骨材の表乾密度は2.62g/cm^3、粗骨材の表乾密度は2.66g/cm^{3}より、

細骨材の絶対容積（S）= 815／2.62 ≒ 311（l/m^3）
粗骨材の絶対容積（G）= 945／2.66 ≒ 355（l/m^3）
細骨材率＝311／（311 ＋ 355）×100 ≒ 47%

また、空気以外の材料の単位量がわかっているので、空気の容積（A）を下式で算出できます。

コンクリート1m^3 = W + C + S + G + A = 1,000（l/m^3）より、
A = 1,000 −（W + C + S + G）

ここで、

水の絶対容積（W）=180／1.00=180（l/m^3）
セメントの絶対容積（C）=360／3.15≒114（l/m^3）

となることから、

A = 1,000 −（W + C + S + G）= 1,000 −（180 ＋ 114 ＋ 311 ＋ 355）=40（l/m^3）
空気量＝A（l/m^3）／1,000（l）×100=40／1,000×100=4.0（%）

以上より、（1）= 4.0 %、（2）= 50 %、（3）= 47 % となります。

レディーミクスト
コンクリートの製造

施工性や強度、耐久性などの品質を指定して、整備されたコンクリート製造設備を持つ工場から購入することができるフレッシュコンクリートを、レディーミクストコンクリートといいます。レディーミクストコンクリートの製造設備や材料、性能を確認するための試験などが、JISにより規定されています。ここでは、これらレディーミクストコンクリートの製造に関わる様々な規定について解説します。

マスターしたいポイント！

1 コンクリート製造設備の規定

☐ コンクリート製造設備の種類と特徴、それらの規定

2 レディーミクストコンクリートの製造の規定

☐ 製品の呼び方
☐ 品質、検査、材料の規定

Section 1 ▶ コンクリート製造設備の規定

● 学習のポイント ●

コンクリートの製造において、所要の性能が確保できるようにコンクリート製造設備に規定されている内容について理解する。

コンクリート製造設備には、材料を受け入れて貯蔵する材料貯蔵設備、材料を計量して練り混ぜ、積み込みまで行うバッチングプラントがあります。

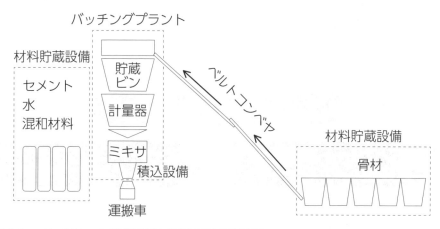

図4.1 コンクリート製造設備と製造工程の概略図

JIS A 5308（レディーミクストコンクリート）には、コンクリートが所要の性能を確保できるように、これらコンクリート製造設備の規定があります。ここでは、コンクリート製造設備の規定について解説します。

材料貯蔵設備　　　　　　　　　　重要度 ★★★

コンクリートの製造に必要なセメントや水、骨材、混和材料は、フレッシュ

コンクリートの製造工場へ運搬され、材料ごとに材料貯蔵設備に貯蔵されます。
材料貯蔵設備の規定には、次のものがあります。

- セメントの貯蔵設備は、セメントを生産者別、種類別に区分して、セメントの風化を防止できるものとする
- 骨材の貯蔵設備は、種類別、区分別の仕切りを持った大小の粒が分離しにくいものを、日常管理ができる範囲内に設置する。床はコンクリートなどとして、排水処置を講じ、異物が混入しないようにする。また、レディーミクストコンクリートの最大出荷量の1日分以上に相当する骨材を貯蔵できるものとする
- 人工軽量骨材の使用には、骨材に散水する設備を備える
- **高強度コンクリートの製造に用いる骨材の貯蔵設備には、上屋（屋根のある設備）を設ける**
- 骨材をバッチングプラントまで運搬するベルトコンベヤなどの設備は、均質に骨材を供給できるものとする
- 混和材料の貯蔵設備は、種類別、区分別に分けて、混和材料の品質に変化を生じさせないものとする

バッチングプラント　　　　重要度 ★★★

バッチングプラントは、貯蔵ビン（下部に取り出し口を備えた貯蔵容器）や計量器、ミキサ、積込設備を備えた、材料の計量から練り混ぜ、運搬車への積み込みまでの一連の作業をまとめて処理（バッチ処理）するコンクリート製造設備です。バッチングプラントを構成する各設備の概要と、各設備に対する規定について以下に示します。

（1）計量器

計量器には、指定された品質を実現するための高い計量精度が要求されます。計量器に対する主な規定は、次のとおりです。

- 計量器は、**以下に示す許容差内で各材料を量り取ることのできる精度**のものとする

セメント	±1%	混和材	±2% ※ただし、高炉スラグ 微粉末は±1%
水	±1%		
骨材	±3%	混和剤	±3%

また、計量した値を上記の精度で指示できる指示計を備えたものとする なお、すべての指示計は操作員の見えるところにあり、計量器は操作員が容易に制御することができるものとする
- 計量器は、異なった配合のコンクリートに用いる各材料を連続して計量できるものとする
- 計量器には、骨材の表面水率による計量値の補正が容易にできる装置を備える。ただし、粗骨材の場合は、表面水率による計量値の補正を計算によって行ってもよい

また、計量方法に関する主な規定は、次のとおりです。
- セメント、骨材、水、混和材料は、**それぞれ別々の計量器によって計量**する。ただし、**水はあらかじめ計量してある混和剤と一緒に累加して計量してもよい**
  ※「粗骨材と細骨材」「粒度の異なる2種類以上の骨材」などは、いずれも骨材なので、**同じ計量器で累加して計量しても問題ない**と判断できます。
- セメント、骨材、混和材は、**質量で計量**する。なお、**混和材**は購入者の承認を得れば、**袋の数で量ってもよい**。ただし、**1袋未満の場合**は、必ず**質量で計量**する
- **水、混和剤**は、**質量**または**容積**で計量する

(2) ミキサ

各材料は計量器で計量された後、ミキサで練り混ぜられます。**ミキサには、重力式ミキサと強制練りミキサ**があります。

重力式ミキサは、重力を利用して練り混ぜる方式で、トラックアジテータと

同様の、内側に練混ぜ用の羽根の付いた練混ぜドラムの回転によってコンクリート材料をすくいあげ、自重で落下させて練り混ぜる方式のミキサです。練混ぜドラムを傾けることができる傾胴形ドラムミキサなどがあります。

　強制練りミキサは、動力で回転させる羽根によって材料を強制的に練り混ぜる方式のミキサです。羽根の付いた軸や皿形容器（パン）を回転させて強制的に練り混ぜる形式で、水平一軸形・水平二軸形・パン形などがあります。

　ミキサに対する主な規定は、次のとおりです。

- 固定ミキサとする
- ミキサの性能は、JIS A 8603-2（コンクリートミキサー第2部：練混ぜ性能試験方法）による試験などにより確認する
- **性能確認の試験に用いるコンクリート**は、粗骨材の最大寸法20mmまたは25mm、スランプ8±3cm、空気量4.5±1.5%、呼び強度24に**相当する**ものとする
  練り混ぜ時間はミキサ製造業者の基準によるが、**練り混ぜ性能に優れる強制練りミキサの方が重力式ミキサよりも短く**、おおよそ次の値とする

バッチ式重力式ミキサ	定格容量1.0m³以下の場合60秒、定格容量1.0m³を超える場合60秒に0.5m³増すごとに5秒を加える。
バッチ式強制練りミキサ	定格容量3.0m³以下の場合30秒、定格容量3.0m³を超える場合30秒に1.5m³増すごとに15秒を加える。

- 各材料を十分に練り混ぜ、均一な状態で排出できるものとする
- 所定容量のコンクリートを所定時間で練り混ぜ、JIS A 1119（ミキサで練り混ぜたコンクリート中のモルタルの差および粗骨材量の差の試験方法）による試験を行い、その値が次の値以下であれば、コンクリートを均一に練り混ぜる性能を持つものとする

コンクリート中のモルタルの単位容積質量の差	0.8%
コンクリート中の単位粗骨材量の差	5%

問 高強度コンクリートの製造に用いる骨材の貯蔵設備には、上屋を ［①設けなければならない、②設けなくてよい］ことが規定されている。

正解 ①設けなければならない

解説

JISA5308（レディーミクストコンクリート）において、高強度コンクリートの製造に用いる骨材の貯蔵設備には、上屋を**設けなければならない**ことが規定されています。

問 高炉スラグ微粉末の計量の許容差は、［①±1 %、②±2%］と規定されている。

正解 ①±1 %

解説

JISA5308（レディーミクストコンクリート）において、混和材の計量の許容差は±2%とするが、高炉スラグ微粉末は±1 %とすることが規定されています。

問 粒度の異なる2種類以上の骨材は、同じ計量器で累加して計量することが ［①できる、②できない］。

正解 ①できる

解説

「粗骨材と細骨材」「粒度の異なる2種類以上の骨材」などは、いずれも骨材なので、同じ計量器で累加して計量することができます。

問 バッチ式強制練りミキサは、バッチ式重力式ミキサよりも練り混ぜ時間が［①長い、②短い］。

正解 ②短い

解説 ────────────────────────────

練り混ぜ時間は、練り混ぜ性能に優れる強制練りミキサの方が重力式ミキサよりも短くできます。

問 混和材は購入者の承認が得られれば、袋の数で量ることが［①できる、②できない］。

正解 ①できる

解説 ────────────────────────────

混和材は質量で計量することを原則としますが、購入者の承認を得れば袋の数で量ってもよいとされています。

━━━━ 学習のポイント ━━━━

レディーミクストコンクリートを製造する際に、所要の品質を確保するための材料の規定や品質管理の規定について理解する。

レディーミクストコンクリートの製造については、JIS A 5308（レディーミクストコンクリート）に規定があります。レディーミクストコンクリートの製造に関する主な規定を、以下に示します。

製品の呼び方　　　　　重要度 ★★★

レディーミクストコンクリートには、普通コンクリート、軽量コンクリート、舗装コンクリート、高強度コンクリートの4種類があり、それぞれのコンクリートは、粗骨材の最大寸法、スランプまたはスランプフロー、呼び強度（購入者が発注の際に指定する強度）によって区分されています。なお、呼び強度に小数点を付けて、小数点以下1桁目を0とするN/mm^{2}で表した値を、呼び強度の強度値といいます。

レディーミクストコンクリートは、これら種類と区分によって呼び方が定められています。

レディーミクストコンクリートの製品の呼び方は、

「コンクリートの種類による記号」＋「呼び強度」＋「スランプまたはスランプフロー」＋「粗骨材の最大寸法」＋「セメントの種類による記号」

で表記します。以下に、その例を示します。

例）普通　27　18　20　N
　　　①　　②　　③　　④　　⑤

①コンクリートの種類による記号	普通（普通コンクリート）
②呼び強度	27（強度値27.0N/mm^2）

③スランプ	18cm
④粗骨材の最大寸法	20mm
⑤セメントの種類による記号	N（普通ポルトランドセメント）

　コンクリートの種類による記号には、次のものがあります。（以下、「記号」：コンクリートの種類）。

「普通」	普通コンクリート
「軽量1種」「軽量2種」	軽量コンクリート
「舗装」	舗装コンクリート
「高強度」	高強度コンクリート

　セメントの種類による記号には、次のものがあります。（以下、「記号」：セメントの種類）。

「N」（「NL」）	普通ポルトランドセメント（普通ポルトランドセメント（低アルカリ形））
「H」（「HL」）	早強ポルトランドセメント（早強ポルトランドセメント（低アルカリ形））
「UH」（「UHL」）	超早強ポルトランドセメント（超早強ポルトランドセメント（低アルカリ形））
「M」（「ML」）	中庸熱ポルトランドセメント（中庸熱ポルトランドセメント（低アルカリ形））
「L」（「LL」）	低熱ポルトランドセメント（低熱ポルトランドセメント（低アルカリ形））
「SR」（「SRL」）	耐硫酸塩ポルトランドセメント （耐硫酸塩ポルトランドセメント（低アルカリ形））
「BA」	高炉セメントA種
「BB」	高炉セメントB種
「BC」	高炉セメントC種
「SA」	シリカセメントA種
「SB」	シリカセメントB種
「SC」	シリカセメントC種
「FA」	フライアッシュセメントA種
「FB」	フライアッシュセメントセメントB種
「FC」	フライアッシュセメントC種
「E」	普通エコセメント

レディーミクストコンクリートの品質項目には、強度、スランプまたはスランプフロー、空気量、塩化物含有量があり、荷卸し地点において、規定の条件を満足しなければなりません。

品質項目とそれぞれの主な規定を、以下に示します。

(1) 強度

強度は、圧縮強度試験、曲げ強度試験を行った場合、**次の2つの規定を満足**する必要があります。なお、供試体の材齢は、購入者が指定した材齢とし、指定がない場合は28日とします。

- 規定1：**1回の試験結果は、呼び強度の強度値の85%以上**でなければならない
- 規定2：**3回の試験結果の平均値は、呼び強度の強度値以上**でなければならない

計算問題要点チェック

呼び強度の強度値 30.0N/mm² のコンクリートを用いて、3 回の圧縮強度試験を実施した結果が、「26.0N/mm²」「33.0N/mm²」「32.5N/mm²」であった場合の合否を判定せよ。

解答

- 「規定1：1回の試験結果は、呼び強度の強度値の85%以上でなければならない」について

呼び強度の強度値30.0N/mm²の85%は、**30×0.85=25.5N/mm²**となります。「26.0N/mm²」「33.0N/mm²」「32.5N/mm²」はいずれも、**25.5N/mm²以上**で、規定1を満足します。

- 「規定2：3回の試験結果の平均値は、呼び強度の強度値以上でなければならない」について

3回の試験結果の平均値は、（26.0+33.0+32.5）/3=30.5N/mm²となります。3回の試験結果の平均値30.5N/mm²は、呼び強度の強度値30.0N/mm²以上で、規定2を満足します。試験結果は、**規定1、規定2の両方を満足しているので、判定は合格**です。

計算問題要点チェック

呼び強度の強度値 30.0N/mm² のコンクリートを用いて、3 回の圧縮強度試験を実施した結果が、「27.5N/mm²」「30.0N/mm²」「31.0N/mm²」であった場合の合否を判定せよ。

解答

- 「規定1：1回の試験結果は、呼び強度の強度値の85%以上でなければならない」について

　呼び強度の強度値30.0N/mm²の85%は、**30×0.85=25.5N/mm²**となります。「27.5N/mm²」「30.0N/mm²」「31.0N/mm²」はいずれも、**25.5N/mm²以上**で、規定1を満足します。

- 「規定2：3回の試験結果の平均値は、呼び強度の強度値以上でなければならない」について

　3回の試験結果の平均値は、（27.5+30.0+31.0）/3=29.5N/mm²となります。3回の試験結果の平均値**29.5N/mm²**は、呼び強度の強度値30.0N/mm²以下で、規定2を満足していません。試験結果は、**規定1は満足しますが、規定2を満足しないので、判定は不合格**です。

(2) スランプ

　スランプは、購入者が指定した値に対して、荷卸し地点において次の範囲内でなければなりません。

スランプ	許容差
2.5cm	±1cm
5cmおよび6.5cm	±1.5cm
8cm以上18cm以下	±2.5cm
21cm	±1.5cm

※呼び強度27以上で高性能AE減水剤を使用する場合は、±2 cmとします。

(3) スランプフロー

　スランプフローは、購入者が指定した値に対して、次の範囲内でなければならず、かつ、材料分離を生じてはなりません。

スランプフロー	許容差
45cm、50cmおよび55cm	±7.5 cm
60cm	±10cm

(4) 空気量

　コンクリートの種類ごとに、空気量とその許容差は次のとおりです。

種類	空気量	許容差
普通コンクリート	4.5%	±1.5cm
軽量コンクリート	5.0%	±1.5cm
舗装コンクリート	4.5%	±1.5cm
高強度コンクリート	4.5%	±1.5cm

(5) 塩化物含有量

　塩化物含有量は、塩化物イオン（Cl^-）量で0.30kg/m^{3}以下とします。ただし、塩化物含有量の上限値の指定があった場合は、その値とします。また、購入者の承認を受けた場合には0.60kg/m^{3}以下とすることができます。

レディーミクストコンクリートの検査項目には、強度、スランプまたはスランプフロー、空気量、塩化物含有量があります。

検査項目とそれぞれの主な規定を、以下に示します。

(1) 強度

試験頻度は、普通コンクリート、軽量コンクリート、舗装コンクリートについては150m³に1回を標準とします。

高強度コンクリートについては、100m³に1回を標準とします。

1回の試験結果は、任意の運搬車1台から採取した3個の供試体の試験値の平均値で表します。

(2) スランプまたはスランプフロー、および空気量

試験において、スランプまたはスランプフロー、および空気量の一方または両方が許容の範囲を外れた場合には、新しく試料を採取して、1回に限り試験を行い、その結果が規定にそれぞれ適合すれば合格とすることができます。

(3) 塩化物含有量

塩化物含有量の検査は、工場出荷時でも荷卸し地点での所定の条件を満足するので、工場出荷時に行うことができます。

材料　重要度 ★★★

レディーミクストコンクリートの材料に関する主な規定を、材料ごとに以下に示します。

(1) セメント

セメントは、JIS R 5210（ポルトランドセメント）、JIS R 5211（高炉セメ

ント)、JIS R 5212（シリカセメント）、JIS R 5213（フライアッシュセメント）、およびJIS R 5214（エコセメント）のうち普通エコセメントの、いずれかの規格に適合するものを用います。ただし、**普通エコセメントは高強度コンクリートに適用できません。**

（2）骨材

骨材は、JIS A 5308（レディーミクストコンクリート）附属書A（規定）レディーミクストコンクリート用骨材の規格に適合するものを用います。ただし、**再生骨材Hは普通コンクリートおよび舗装コンクリートに適用します。**また、**各種スラグ粗骨材は高強度コンクリートには適用できません。**

砕石、砕砂、フェロニッケルスラグ骨材、銅スラグ細骨材、電気炉酸化スラグ骨材、再生骨材H、砂利および砂を使用する場合は、アルカリシリカ反応抑制対策を行わなければなりません。

骨材には、**アルカリシリカ反応性による区分**があります。区分は次に示すAとBの二種類で、試験を行って判定します。

区分A	アルカリシリカ反応性試験の結果が「無害」と判定されたもの
区分B	アルカリシリカ反応性試験の結果が「無害でない」と判定されたもの、または、この試験を行っていないもの

これら、**アルカリシリカ反応性による区分**は、**化学法による試験を行って判定**しますが、**この結果が「無害でない」と判定された場合は、モルタルバー法による試験を行って判定**します。また、**化学法による試験を行わない場合は、モルタルバー法による試験を行って判定してもよい**とされています。

アルカリシリカ反応抑制対策として、次のものが規定されています。

- コンクリート中の**アルカリ総量を3.0kg/m³以下に規制**する
- アルカリシリカ反応抑制効果のある**混合セメントなどを使用**する
  抑制に効果のある**混合セメント**などは、次のとおり
  ▶ **高炉セメントB種（高炉スラグの分量（質量分率%）が40%以上）**
  ▶ **高炉セメントC種**

▶フライアッシュセメントB種（フライアッシュの分量（質量分率%）が15%以上）

▶フライアッシュセメントC種

高炉スラグ微粉末

フライアッシュ

▶安全と認められる区分Aの骨材を使用する

（3）水

練り混ぜに使用する水には、上水道水、上水道水以外の水および回収水（スラッジ水、上澄水）に区分されます。水は、JIS A 5308（レディーミクストコンクリート）附属書C（規定）レディーミクストコンクリートの練混ぜに用いる水の規格に適合するものを用います。**上水道水は、特に試験を行わなくても用いることができます。**

なお、**二種類以上の水を混合して用いる場合**には、**それぞれの水がそれぞれの規定に適合している必要があります。**

スラッジ水を用いる場合は、**スラッジ固形分率が3 %を超えてはなりません。**なお、**スラッジ固形分率を1 %未満で使用する場合**には、**スラッジ固形分を水の質量に含めてもよい**とされています。スラッジ固形分率とは、単位セメント量に対するスラッジ固形分（水和生成物や骨材微粒子）の質量の割合を分率で表したものです。

なお、**スラッジ水は高強度コンクリートに適用できない**こととされています。

（4）混和材料

フライアッシュ、膨張材、化学混和剤、高炉スラグ微粉末、シリカフュームの混和材料は、JISの規格に適合するものを用います。なお、砕石粉もJISの規格に適合するものは混和材料として使用できます。

(5) その他の材料

付着モルタルと回収骨材には、下記の規定があります。

■ 付着モルタル

付着モルタルとは、すべての量のコンクリートを排出した後に、トラックアジテータのドラムの内壁や羽根などに付着しているフレッシュモルタルです。

普通コンクリートの場合、付着モルタルは安定剤を用いて再利用することができます。

軽量コンクリート、舗装コンクリート、高強度コンクリートの場合、付着モルタルの再利用はできません。

■ 回収骨材

回収骨材は、運搬車やプラントのミキサ、ホッパなどに付着および残留したフレッシュコンクリートを、清水または回収水で洗浄して粗骨材と細骨材とに分別して取り出した骨材です。

回収骨材として使用できるのは、普通コンクリート、舗装コンクリートおよび高強度コンクリートから回収した骨材です。新骨材（未使用の骨材）と粒度の著しく異なる普通骨材や軽量骨材、重量骨材などの密度が著しく異なる骨材、再生骨材を含むフレッシュコンクリートからの回収骨材は用いることができません。

回収骨材を使用できない場合として、軽量コンクリートおよび高強度コンクリートには回収骨材を使用することができません。また、**回収骨材の微粒分量が、新骨材の微粒分量を超えた場合は使用することができません。**

回収骨材の使用量は、粗骨材および細骨材のそれぞれについて、**置換率**（新骨材と回収骨材とを合計した全使用量に対する回収骨材の使用量の質量分率）として表します。

回収骨材を専用の設備で貯蔵、運搬、計量して用いる場合は、粗骨材および細骨材の目標回収骨材**置換率の上限をそれぞれ20%とすることができます。**

一問一答要点チェック

問 呼び方が「普通　30　21　20　N」で、AE減水剤を使用したコンクリートの荷卸し地点における検査において、スランプの値が23.0cmの判定は、[①合格、②不合格] である。

正解 ②不合格

解説

荷卸し地点において、購入者が指定したスランプの値が21cmの場合、許容差は±1.5cmです。よって、スランプの値が23.0cmの判定は**不合格**です。

問 高強度コンクリートの圧縮強度の試験頻度は、[①100m^3、②150m^3] に1回を標準とする。

正解 ①100m^3

解説

圧縮強度の試験頻度は、普通コンクリート、軽量コンクリート、舗装コンクリートについては150m^{3}に1回を標準としますが、高強度コンクリートについては、100m^{3}に1回を標準とします。

問 アルカリシリカ反応性の判定は、化学法による試験を行わずにモルタルバー法による試験を行って判定 [①できる、②できない]。

正解 ①できる

解説

アルカリシリカ反応性による区分は、化学法による試験を行って判定しますが、化学法による試験を行わない場合は、モルタルバー法による試験を行って**判定してもよい**とされています。

第4章 レディーミクストコンクリートの製造

問 練り混ぜに使用する水にスラッジ水を用いる場合は、スラッジ固形分率が［①3%、②5%］を超えてはならない。

正解 ①3%

解説

JIS A 5308（レディーミクストコンクリート）附属書Cにおいて、スラッジ水を用いる場合は、スラッジ固形分率が3 %を超えてはならないことが規定されています。

問 軽量コンクリートには、トラックアジテータのドラム内の付着モルタルを再利用［①できる、②できない］。

正解 ②できない

解説

普通コンクリートの場合、付着モルタルは安定剤を用いて再利用することができますが、軽量コンクリート、舗装コンクリート、高強度コンクリートの場合、付着モルタルの再利用はできません。

問 軽量コンクリートには、普通コンクリートから取り出した回収骨材を使用［①できる、②できない］。

正解 ②できない

解説

軽量コンクリートおよび高強度コンクリートには回収骨材を使用することができません。

コンクリート構造の施工

コンクリート構造の現場での施工は、主に鉄筋工事、型枠工事、コンクリート工事の3つの工事により行われます。鉄筋工事は鉄筋の加工と組立を行う工事、型枠工事は構造体の鋳型ともいえる型枠を組立てる工事、コンクリート工事は型枠の中へコンクリートを打込む工事です。この章では、コンクリート構造の施工の主となる鉄筋工事、型枠工事、コンクリート工事について学びます。各工事について、施工方法や品質管理事項について理解することが重要です。

マスターしたいポイント！

1 鉄筋工事

☐ 鉄筋工事の流れ
☐ 鉄筋の加工と継手、定着に関する
　規定
☐ 鉄筋のあき、かぶり厚さの規定

2 型枠工事

☐ 型枠工事の流れ
☐ 型枠の組立および解体に関する規定
☐ 型枠および支保工の構造計算とコ
　ンクリートの側圧に対する計画

3 コンクリート工事

☐ コンクリート工事の流れ
☐ コンクリートの運搬方法と規定
☐ コンクリートの打込み、締固め、
　打継ぎに関する規定
☐ コンクリート表面の仕上げ方法
☐ コンクリートの養生に関する規定

════════════ 学習のポイント ════════════

鉄筋工事の作業の流れを知り、鉄筋の加工や組立ての方法、継手の種類と特
徴、また、それらに関する規定について理解する。

　鉄筋は、鉄筋コンクリート造を構成する重要な材料です。材料としての品質
はもちろん、施工における品質も重要です。

　ここでは、鉄筋の施工方法を学ぶとともに、施工品質を確保するための規定
について学びます。

鉄筋工事の種類と流れ

　構造物に使用される鉄筋の種類や加工の形式、設置の位置などが設計図書に
示されます。

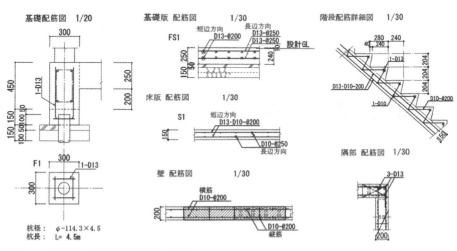

図5.1　構造図（配筋詳細図）の例

これら設計図書に基づいて鉄筋工事の施工計画書や加工図、組立図が作成され、工場において鉄筋の加工が行われます。工場で加工された鉄筋が建設現場に搬入され、受入検査の後に施工されます。建設現場における鉄筋工事としては、加工、組立て、配筋検査があります。

施工準備 ➡	鉄筋加工 ➡	現場搬入 ➡	現場施工 ➡	配筋検査
・設計図書の確認 ・施工計画書作成 ・加工図、組立図 　作成　　　等	・工場におけ 　る切断、折 　曲げ加工 　　　　　等	・受入検査、 　保管　　等	・現場におけ 　る切断、折 　曲げ加工 ・組立て　等	・外観検査 ・抜取検査 　　　　　等

図5.2　鉄筋工事の流れ

鉄筋の名称　　　　　　　　重要度 ★★★

　鉄筋を所定の位置に設置することを、配筋といいます。柱と梁の配筋例を図5.3に示します。

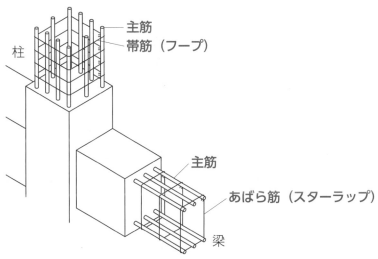

柱

主筋
帯筋（フープ）

主筋

あばら筋（スターラップ）

梁

図5.3　柱と梁の配筋例

図のように、**柱と梁の材軸方向に配置される鉄筋を主筋**といいます。また、これら材軸方向に配置される**主筋と直交して配置される鉄筋をせん断補強筋**といい、特に、**柱のせん断補強筋を帯筋（フープ）**、梁のせん断補強筋をあばら筋（スターラップ）といいます。

鉄筋の加工 重要度 ★★★

　鉄筋は、組み立てる前に工場や現場において切断や折曲げなどの加工を行います。鉄筋の材料である**鋼材**は、**加熱すると粘り強さが失われるなどの材料劣化を生じる**おそれがあります。そこで、**鉄筋の加工は常温で行うことを原則と**します（**常温で加工することを、冷間加工といいます**）。そこで、鉄筋の切断にはシャーカッターや電動カッターを、折曲げには電動の折曲げ機や手動のバーベンダーを使用するというように、通常、鉄筋に**できるだけ熱の加わらない方法で加工**します。

　鉄筋コンクリート造では、鉄筋とコンクリートとの一体性を高め、鉄筋がコンクリートから引き抜けにくくなるように、柱や梁の出隅（出っ張った角）部分の主筋や、帯筋やあばら筋などのせん断補強筋などの末端部に、フックを設けます。このフックのように、鉄筋を曲げ加工する場合は、**鉄筋の種類や径によって折曲げ内法直径が異なります**。折曲げ内法直径とは、鉄筋を折り曲げた際にできるカーブの直径です。折曲げ内法直径の数値が大きいほどカーブは緩く、小さいほどカーブはきつくなります。

　鉄筋は、その種類により降伏強度（弾性限界の強度、降伏点）が異なります。**鉄筋は、降伏強度が高いものほど変形能力が低く、もろい**性状を示します。ですから、**降伏強度が高い鉄筋ほど折曲げ内法直径を大きくし、折れやひび割れが生じないようにします**。鉄筋の太さについても同様です。**鉄筋径が大きいほど折曲げ内法直径を大きくします**。例えば下図のように、鉄筋の折曲げの形状が180°、135°、90°フックの場合、SD345（降伏強度が345N/mm^{2}以上）、D19の鉄筋はD=4d以上とし、SD390（降伏強度が390N/mm^{2}以上）、D19の鉄筋はD=5d以上とします。また、同じSD345の鉄筋であっても、D19は

D=4d以上、D16はD=3d以上のようになります。

①180°フック　　　②135°フック　　　③90°フック

D：折曲げ内法直径　　d：折り曲げる鉄筋の径

・降伏強度が高い鉄筋ほど折曲げ内法直径は大きくなる
・鉄筋径が大きいほど折曲げ内法直径は大きくなる

図5.4　鉄筋の折曲げの形状

　また、フックの形状は、折曲げの角度が大きいほど、コンクリートからの引き抜けに対する抵抗力が大きくなります。

　なお、**帯筋やあばら筋などのせん断補強筋を加工する際には、末端部にフックを設けます。**ただし、末端部を溶接した閉鎖型（へいさがた）のせん断補強筋を用いる場合は、この限りではありません。

鉄筋の組立（結束、あき、かぶり厚さ）　重要度 ★★★

　鉄筋の組立は、通常、鉄筋と鉄筋の交点の要所を、直径0.8mm以上のなまし鉄線（結束線）やクリップを用いて、堅固（けんご）に結束します。

写真5.1　鉄筋結束用ハッカーと結束線

写真5.2　結束線による鉄筋組立の様子

鉄筋を配置する際には、所定のあき寸法を確保します。あき寸法が小さいと、コンクリートの打込みにおいてコンクリートが行き渡りにくく、また、鉄筋とコンクリートとの付着による応力伝達も不十分になります。この点から、表5.1の項目が**鉄筋のあきの最小寸法を決める要因**となっています。

　鉄筋のあきの最小寸法は、コンクリートの粗骨材の最大寸法から決まる数値と、鉄筋径から決まる数値のうち、最大のもの以上とします。

表5.1　鉄筋のあきの最小寸法を決める要因

コンクリートの粗骨材の最大寸法	コンクリート中の粗骨材が鉄筋と鉄筋の間を支障なく通過できるように、鉄筋のあきの寸法を、粗骨材の最大寸法の1.25倍以上かつ25mm以上とします。
鉄筋径	太径（ふとけい）の鉄筋は、周囲のコンクリートが割裂（かつれつ）しやすくなります。鉄筋とコンクリートとの付着力を確保するため、鉄筋のあきの寸法を、隣り合う鉄筋の径または呼び名の数値の1.5倍以上とします。

　また、所定のかぶり厚さを確保するために、スペーサーやバーサポートを使用します。型枠と鉄筋の間にスペーサーやバーサポートを挟み込むことで、かぶり厚さを確保します。スペーサーはプラスチック製のドーナツ型のものが、バーサポートはプラスチック製やコンクリート製、鋼製のものなどが使用されます。

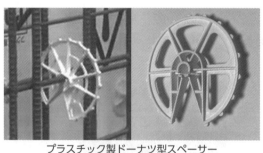
プラスチック製ドーナツ型スペーサー

鋼製バーサポート

写真5.3　スペーサーとバーサポートの例

かぶり厚さとは、鉄筋コンクリート造の躯体表面（コンクリート表面）から、最もコンクリート表面に近い位置に設置された鉄筋の表面までの距離のことです。図のような柱断面の場合、帯筋の外側表面からコンクリート表面までの距離がかぶり厚さです。

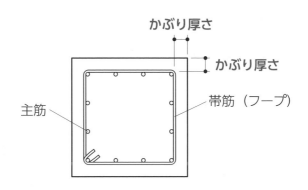

かぶり厚さ

かぶり厚さ

帯筋（フープ）

主筋

・**かぶり厚さ**は、鉄筋表面からコンクリート表面までの最短距離
・**かぶり厚さの不足**は、構造体の耐久性や耐火性を低下させる

図5.5　柱のかぶり厚さ

　鉄筋には、酸素と水により腐食する、火災による高温で強度が低下するなどといった欠点があります。これらの欠点が生じないように鉄筋を守ってくれるのが、鉄筋のまわりを覆っているコンクリートです。**コンクリートの強いアルカリ性が鉄筋を錆びにくくし、コンクリートの高い耐火性が鉄筋を高温から守ります。**しかし、かぶり厚さが所定の寸法に満たない場合は、その効果を十分に得ることはできません。**かぶり厚さは、鉄筋コンクリート造の構造強度や耐久性に大きく影響**します。

　なお、かぶり厚さは、構造体の部位によって寸法が異なります。スペーサーやバーサポートも、構造体の部位ごとに、かぶり厚さの寸法に合わせたものを使用します。

　かぶり厚さは、建築基準法施行令において以下のように規定されています。なお、建築基準法施行令に規定されている数値は、最低限必要な寸法であり、通常はこれより10mm程度大きい寸法をかぶり厚さとして採用します。

（鉄筋のかぶり厚さ）
第七十九条　鉄筋に対するコンクリートのかぶり厚さは、耐力壁以外の壁又は床にあつては二センチメートル以上、耐力壁、柱又ははりにあつては三センチメートル以上、直接土に接する壁、柱、床若しくははり又は布基礎の立上り部分にあつては四センチメートル以上、基礎（布基礎の立上り部分を除く。）にあつては捨コンクリートの部分を除いて六センチメートル以上としなければならない。
2　前項の規定は、水、空気、酸又は塩による鉄筋の腐食を防止し、かつ、鉄筋とコンクリートとを有効に付着させることにより、同項に規定するかぶり厚さとした場合と同等以上の耐久性及び強度を有するものとして、国土交通大臣が定めた構造方法を用いる部材及び国土交通大臣の認定を受けた部材については、適用しない。

継手

　鉄筋は、3.5mから12mの間の長さで、切断された状態で現場に搬入されます。ですから、この切断された鉄筋を、現場においてつなぎ合わせる必要があります。**鉄筋を軸方向につなぎ合わせたときの接合部を、継手**といいます。継手には、次のような形式があります。なお、**継手の位置は、応力が小さく、かつ、普段は圧縮応力が生じている箇所に設ける**ことを原則とします。

■ 重ね継手

　鉄筋と鉄筋を重ねて、なまし鉄線などで結束する継手です。

写真5.4　重ね継手の例

■ ガス圧接継手

　鉄筋と鉄筋の端部を突合せた状態で、軸方向に圧力を加えながらガスバーナーで加熱し、接合する継手です。接合部がボールのように膨らむのが特徴です。

写真5.5　ガス圧接継手の例

■ 機械式継手

　つなぎ合わせる鉄筋の端部を、カップラーやスリーブと呼ばれる鋼管に挿入して接合する継手です。鋼管内に高強度のモルタルなどを充填して、固定します。

写真5.6　機械式継手の例

■ 溶接継手

　鉄筋と鉄筋を溶接により接合する継手です。溶接継手には、鉄筋と鉄筋を重ね合わせて溶接するフレア溶接継手や、鉄筋と鉄筋の端部を突合せて溶接する突合せ抵抗溶接継手などがあります。

重ね継手は細い径の鉄筋の接合に、ガス圧接継手や機械式継手は太い径の鉄筋の接合に、主に用いられます。ここでは、多くの工事で用いられる、重ね継手とガス圧接継手について解説します。

(1) 重ね継手

重ね継手は他の継手と異なり、コンクリートの付着力を介して力を伝える接合方法です。**重ね継手では、重なり合う長さが重要**です。重なり合う長さが短いと、継手の強度が低くなります。**重ね継手の長さを決める要因**に、表5.2の項目があります。

表5.2　重ね継手の長さを決める要因

コンクリートの設計基準強度	コンクリートの付着力は、コンクリートの圧縮強度が大きいほど大きくなり、小さいほど小さくなる。そのため、重ね継手の長さは、コンクリートの設計基準強度（構造物の構造安全性を確保するために必要なコンクリートの圧縮強度）が大きければ短く、小さければ長くなる。
鉄筋の種類	鉄筋の種類は、降伏強度により区分される。外力によって大きな応力の生じる箇所には、降伏強度の高い鉄筋が使用される。よって、降伏強度の高い鉄筋を使用する箇所では、高い継手強度が必要となるため、重ね継手の長さが長くなる。
フックの有無	鉄筋の末端部にフックを設けることで、鉄筋が引き抜けにくくなる。フック付き鉄筋の重ね継手の長さは、直線状の鉄筋の重ね継手の長さより短くすることができる。
鉄筋径	直径の大きい（太径）異形鉄筋に重ね継手を用いると、周囲のコンクリートが割裂しやすくなる。通常、D35以上の異形鉄筋には重ね継手を用いないこととされる。

(2) ガス圧接継手

鉄筋と鉄筋を直接突き合わせてつなぐガス圧接継手には、つなぎ合わせる鉄筋と同等以上の継手強度が必要とされます。圧接部の品質を確保するため、**施工において表5.3の項目などに注意**します。

表5.3　圧接部の品質を確保するための注意点

鉄筋端面の処理	圧接前の鉄筋端面は、平滑に仕上げることが重要である。表面に、錆や油脂、塗料などの付着がないようにする。
曲げ加工部およびその近傍での圧接は避ける	鉄筋は、加熱されると構造性能が劣化するので、直線部で圧接するようにする。
鉄筋の種類が異なる場合や径の差が7mmを超える場合は、原則、圧接しない	例えば、SD345とSD490の鉄筋の接合のように、降伏強度が大きく異なる鉄筋の種類同士の接合には、ガス圧接継手は採用できない。また、鉄筋径の差が大きいと、つなぎ合わせる鉄筋と鉄筋の温度上昇に差が生じて、圧接不良の原因となる。

　圧接の完了後には、圧接箇所の試験を行います。**試験はまず外観試験を行い、その後、超音波探傷試験または引張試験**を行います。

　外観試験は、すべての圧接箇所について、圧接部のふくらみの形状や寸法が適切か、折れ曲がりや割れがないかなどを、目視や必要に応じてスケールなどの器具を使用して確認します。

写真5.7　外観試験の様子

　外観に問題がなかったとしても、内部に小さな空洞などがあると、そこに応力が集中して破断する場合があります。このような**目に見えない内部の欠陥を調査する代表的な方法**が、超音波探傷試験です。センサーを圧接部表面に当て、そこから超音波を圧接部内部に伝播させることで、内部の欠陥を検出します。**超音波探傷試験は、圧接部を破壊しないで内部を検査できる非破壊検査**です。

写真5.8　超音波探傷試験の様子

　引張試験は、試験の対象となる圧接部を切り取って、試験機により引張強さを確認する試験です。実際に**現場の圧接部から試験片を抜き取る破壊検査**なので、すべての圧接部を検査することはできません。

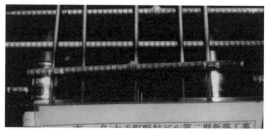

写真5.9　抜き取られた試験片の例

定着　　　　　　　　　　　　　　　　　重要度 ★★★

　鉄筋コンクリート造は、鉄筋とコンクリートとが互いに補強し合って成り立つ構造です。ですから、鉄筋とコンクリートが一体的に働くことが重要です。一体的に働くには、構造物に大きな力が作用したときに、コンクリートから鉄筋が引き抜けないようにしなければなりません。**定着**とは、**鉄筋の端部を所定の長さだけコンクリートの中に埋め込み、引き抜けないように固定すること**です。

　定着は、固定荷重や積載荷重、地震荷重などによって**引張力が生じる梁や床**

スラブの主筋端部などに設けられます。

　継手とともに、定着も構造耐力上重要な部分です。**定着の引抜きに対する強さは、鉄筋の埋め込まれる長さが長いほど高く**なります。**定着の長さは、重ね継手の長さと同様の理由から、コンクリートの設計基準強度、鉄筋の種類、末端部のフックの有無、鉄筋径によって決定**されます。

ミニ知識

鉄筋の継手および定着は、建築基準法施行令において以下のように規定されています。

（鉄筋の継手および定着）
第七十三条　鉄筋の末端は、かぎ状に折り曲げて、コンクリートから抜け出ないように定着しなければならない。ただし、次の各号に掲げる部分以外の部分に使用する異形鉄筋にあつては、その末端を折り曲げないことができる。
一　柱およびはり（基礎ばりを除く。）の出すみ部分
二　煙突
2　主筋又は耐力壁の鉄筋（以下この項において「主筋等」という。）の継手の重ね長さは、継手を構造部材における引張力の最も小さい部分に設ける場合にあつては、主筋等の径（径の異なる主筋等をつなぐ場合にあつては、細い主筋等の径。以下この条において同じ。）の二十五倍以上とし、継手を引張り力の最も小さい部分以外の部分に設ける場合にあつては、主筋等の径の四十倍以上としなければならない。ただし、国土交通大臣が定めた構造方法を用いる継手にあつては、この限りでない。
3　柱に取り付けるはりの引張り鉄筋は、柱の主筋に溶接する場合を除き、柱に定着される部分の長さをその径の四十倍以上としなければならない。ただし、国土交通大臣が定める基準に従つた構造計算によつて構造耐力上安全であることが確かめられた場合においては、この限りでない。
4　軽量骨材を使用する鉄筋コンクリート造について前二項の規定を適用する場合には、これらの項中「二十五倍」とあるのは「三十倍」と、「四十倍」とあるのは「五十倍」とする。

問 鉄筋の曲げ加工は、原則として、[①常温で、②加熱して] 行う。

正解 ①常温で

解説

鋼材は、加熱すると粘り強さが低下してしまうので、原則、**常温で加工**します。

問 鉄筋の組立では、鉄筋が乱れないように、鉄筋と鉄筋の交点の要所を、[①溶接、②焼きなまし鉄線] で緊結する。

正解 ②焼きなまし鉄線

解説

鋼材は、加熱すると粘り強さが低下してしまうので、原則、**溶接は使用しません**。

問 帯筋やあばら筋の末端部は、[①溶接、②焼きなまし鉄線で緊結] して閉鎖型に加工する。

正解 ①溶接

解説

帯筋やあばら筋などのせん断補強筋は、**末端部にフックを設ける**か、**末端部を溶接した閉鎖型**とします。

問 鉄筋の曲げ加工では、降伏強度が［①高い、②低い］鉄筋の方が、曲げ内法半径（または折曲げ内法直径）を小さくできる。

正解 ②低い

解説

鉄筋は、降伏強度が高いものほど変形能力が低く、もろい性状を示します。そのため、**降伏強度が高い鉄筋ほど折曲げ内法直径を大きくし**、折れやひび割れが生じないようにします。

問 コンクリートの表面から、［①鉄筋の心、②鉄筋の表面］までの最短距離を、かぶり（厚さ）という。

正解 ②鉄筋の表面

解説

鉄筋表面からコンクリート表面までの最短距離をかぶり厚さといいます。かぶり厚さが所定の寸法に満たない場合、鉄筋コンクリート造の構造強度や耐久性が低下します。

問 コンクリート強度が［①高い、②低い］ほど、鉄筋の重ね継手の長さが長くなる。

正解 ②低い

解説

重ね継手は、コンクリートの付着力を介して力を伝える接合方法です。コンクリートの付着力は、コンクリートの圧縮強度が小さいと小さくなるので、必要な重ね継手の長さは、**長く**なります。

第 **5** 章 コンクリート構造の施工

問 重ね継手は、D32の鉄筋に〔①用いてもよい、②用いてはならない〕とされている。

正解 ①用いてもよい

解説

通常、D35以上の異形鉄筋には重ね継手を**用いない**こととされますので、D32の鉄筋には重ね継手を**用いることができます**。

問 記号SD345、呼び名D16の鉄筋に、重ね継手を用いるのは〔①適当、②不適当〕である。

正解 ①適当

解説

鉄筋径については、D35以上の太径の異形鉄筋には重ね継手を**用いない**こととされていますが、鉄筋の降伏強度についての規定はありませんので、記号SD345（降伏強度が345N/mm²以上の鉄筋）、呼び名D16の鉄筋に重ね継手を用いるのは**適当**です。

問 種類の記号がSD345の鉄筋とSD490の鉄筋とを、ガス圧接により接合するのは〔①適当、②不適当〕である。

正解 ②不適当

解説

SD345とSD490の鉄筋の接合のように、降伏強度が大きく異なる鉄筋の種類同士の接合には、ガス圧接継手は**採用できません**。

問 種類の記号がSD345の鉄筋で、径の異なるD38とD41の鉄筋とをガス圧接により接合するのは［①適当、②不適当］である。

正解 ①適当

解説

径の異なる鉄筋同士の接合において、鉄筋の径の差が**7mm以下**であれば、ガス圧接継手を**採用できます**。D38とD41では径の差が3mmほどなので、ガス圧接継手を用いるのは**適当**です。

問 種類の同じ、呼び名D22とD32の鉄筋をガス圧接により接合するのは［①適当、②不適当］である。

正解 ②不適当

解説

径の異なる鉄筋同士の接合において、鉄筋の径の差が**7mmを超える**場合は、原則、**圧接しない**こととされています。D22とD32では径の差が10mmほどあり、ガス圧接継手を用いるのは**不適当**です。

問 非破壊検査である超音波探傷を、鉄筋の圧接部の検査に用いるのは［①適当、②不適当］である。

正解 ①適当

解説

非破壊検査である超音波探傷は、**目に見えない内部の欠陥を調査する代表的な方法**です。鉄筋の圧接部の検査に、超音波探傷を用いるのは**適当**です。

2 ▶ 型枠工事

③ ② ①

━━ 学習のポイント ━━

型枠・支保工の概要を知り、コンクリート打設時に型枠・支保工に作用する
水平方向荷重や鉛直方向荷重、コンクリートの側圧に関する事項、また、型枠
の取り外しに関する事項など、型枠・支保工の計画について理解する。

　コンクリート構造物の骨組は、フレッシュコンクリート（硬化前のコンク
リート）を、合板（いわゆるベニヤ板）などを用いて組み立てた型枠の中に投
入し、コンクリートの硬化を待って型枠を取り外すことで完成します。あたか
も型に流し込んで成型するチョコレートのように、型枠さえ用意できれば、自
由な造形が可能となるのがコンクリート構造物の特徴の一つです。躯体精度の
高いコンクリート構造物の施工には、寸法精度の高い型枠の設置が必要です。
コンクリート打設の際には、型枠に様々な施工時荷重が作用します。ここでは、
作用する荷重に対して、型枠の形状を保持するための計画の要点について学び
ます。

型枠の構成　　　　　重要度 ★★★

　コンクリートの鋳型（い）ともいえる**型枠は、せき板や支保工（しほこう）、各種金物から構成**
されています。せき板は、コンクリートに直に接する型枠の主となる板状の材
料で、合板や鋼板が主に用いられます。このせき板で囲まれた鋳型の中に、コ
ンクリートが打ち込まれます。そして、せき板を支えるのが支保工です。支保
工には、大引きや根太（ねだ）、端太（ばた）、パイプサポート（鋼製支柱）などがあります。
また、各種金物には、せき板の間隔寸法を保つためのセパレータや、せき板と
支保工を締め付けるフォームタイなどがあります。

端太（外端太）

フォームタイ　セパレータ

せき板

写真5.10　壁型枠の例

大引き

パイプサポート

写真5.11　床型枠の施工状況

せき板

大引き　根太

型枠の組立てと解体　　重要度 ★★★

　型枠工事に使用する型枠は、コンクリート工事のための施工図（躯体図）を
もとに工場や現場で加工され、組み立てられます。型枠は、コンクリート構造
物を構築するための仮設物であり、コンクリートの硬化後には取り外されます。
この型枠を取り外す作業を、型枠解体や型枠脱型といいます。

施工準備	➡	型枠加工	➡	現場搬入	➡	現場施工
・設計図書、施工図の確認 ・施工計画書作成 ・加工図、組立図作成　　等		・工場における切断加工　等		・保管　　　　等		・現場における切断加工 ・組立て ・解体（脱型） 　　　　　　　等

図5.6　型枠工事の流れ

　型枠は、一般に、立上り（壁、柱）→梁→床の順に組み立てられます。

　建築を構成する部材のうち、鉛直方向に立ち上がっている部材を立上りといいます。立上り型枠のうち、柱の型枠は、柱の配筋が終わった後に、柱配筋を囲むように組立てます。壁の型枠は、まず片面の壁を組立て、壁の配筋と設備配管を施工した後、ふたをするようにもう片面の壁を組立てます。立上りの型枠は、垂直や寸法の精度を確保し、また、コンクリート打設時の側圧に耐えられるように組立てます。

　梁の型枠は柱型枠にかけ渡し、床の型枠は梁型枠にかけ渡します。**水平方向に長い梁と床の型枠は、コンクリートの打込みにより、その重さで下方向にたわみます。そこで、梁や床の型枠組立では、このたわみを考慮した「むくり」を設けます。**むくりとは、下方向へたわむことを考慮して、あらかじめ上方向に湾曲させることです。また、梁や床といった**水平部材を支える支柱は、建物各階の上下で位置を揃えて、梁や床に曲げモーメントが生じないようにします。**

写真5.12　柱・梁・床型枠組立の様子

型枠の取り外し（解体）は、コンクリートの硬化を待って行われます。コンクリートが硬化するまでの間、**型枠にはコンクリートがたわまないように形状を保持し、温度や乾燥、振動などにより有害なひび割れが生じないように保護する役割があります**。この役割を果たすべく、**それぞれに型枠を設置しておく期間（最小存置期間）**が定められています。

　基礎、柱、壁、そして梁の側面の型枠（せき板）は、容易に損傷しない最低限必要なコンクリートの圧縮強度が確認できれば、取り外すことができます。

　スラブ（床）下、梁下の支保工は、コンクリートの圧縮強度がその部材の設計基準強度に達したことが確認できれば、取り外すことができます。

　スラブ（床）下、梁下の型枠（せき板）は、原則、支保工を取り外した後に取り外すことができます。

　つまり、**最初に取り外せるのはコンクリート硬化後に荷重のかからない部材側面の型枠、最後に取り外すのがコンクリート硬化後も荷重のかかる部材底面の型枠**ということになります。

型枠および支保工の構造安全に関する計画　重要度 ★★★

　型枠および支保工には、工事施工中に様々な荷重が作用します。これらの荷重に対し、**型枠および支保工は、コンクリートが所定の強度を発現するまで、倒壊したり大きくたわんだりなどということがないようにしなければなりません**。

　型枠および支保工が組み立てられた後、コンクリートを打設し、コンクリートが硬化して型枠支保工を取り外すまで、**次に示す荷重を考慮して構造計算による安全確認を行います**。

　次表のように、使用する材料の重量などが明確な鉛直方向荷重は実状の荷重から計算し、施工方法などにより大きさが異なる不明確な水平方向荷重は、鉛直方向荷重の5％などを想定します。

表5.4 考慮する荷重

鉛直方向荷重 (固定荷重＋積載荷重)	固定荷重：型枠支保工の重さ、コンクリートの重さ 積載荷重：コンクリート施工時の荷重（作業者の重さ、ポンプ使用による衝撃力など）
水平方向荷重	一般に、鉛直方向荷重の5％とする

コンクリートの側圧に対する計画　重要度 ★★★

　壁や柱といった立上り型枠にコンクリートを打込む際、型枠の側面には大きな横方向の圧力（側圧）が生じます。この側圧により、せき板がはらんだり、型枠支保工が崩れたりする場合があります。これらを防ぐためには、コンクリートの側圧の性質を理解し、**側圧はどのようなときに大きくなり、どうすれば小さくできるのか**を知っておく必要があります。

　コンクリートの側圧の大きさを左右する主な要因を、次の表に示します。

表5.5　コンクリートの側圧の大きさを左右する主な要因

①	コンクリートの単位容積質量	コンクリートの単位容積質量が大きいほど、側圧は大きくなる
②	コンクリートの流動性	コンクリートの流動性が高いほど、側圧は大きくなる
③	コンクリートのスランプ	コンクリートのスランプが大きいほど、側圧は大きくなる
④	コンクリートの温度	コンクリートの温度が低いほど、側圧は大きくなる
⑤	コンクリートの凝結速度	コンクリートの凝結速度が遅いほど、側圧は大きくなる
⑥	せき板が単位面積当たりに支えるコンクリートの量	せき板が支えるコンクリートの量が多いほど、側圧は大きくなる
⑦	せき板の透水性	せき板の透水性が低いほど、側圧は大きくなる
⑧	コンクリートの1回の打込み高さ	コンクリートの1回の打込み高さが高いほど、側圧は大きくなる
⑨	コンクリートの打上がり速度	コンクリートの打上がり速度が速いほど、側圧は大きくなる

型枠への側圧は、コンクリートが内側から型枠を押し広げるように、側方に流れることで生じます。**コンクリートを側方へ強く押し出す要因、流れやすくする要因が、側圧を大きくする要因**となります。上記①〜⑤はコンクリートの性質に起因するもの、⑥と⑦は型枠のせき板の状況に起因するもの、⑧と⑨はコンクリートの施工方法に起因するものです。

　①については、コンクリートが重くなるほど側方へ強く押し出されることによるものです。**コンクリートを軽くすれば、側方への圧力は小さくなります。**

　②〜⑤については、コンクリートが流れやすくなることによるものです。極端に考えれば、コンクリートが完全に硬化して流れないようになれば側圧は生じません。**コンクリートの流動性を小さくする、スランプを小さくすることで、コンクリートは流れにくくなり、側圧は小さくなります。**また、コンクリートの硬化する時間が早くなれば、やはりコンクリートは流れにくくなります。**温度の高いコンクリートや凝結速度の速いコンクリートのように、硬化に要する時間の短いコンクリートは側圧が小さくなります。**

　⑥と⑦については、型枠を構成する材料のうち、コンクリートに直に接するせき板の状況によるものです。

　例えば、柱と壁の型枠（せき板）では、**柱の方が躯体の厚みが大きく、厚さの薄い壁に比べて、せき板の単位面積当たりに生じる側圧が大きくなります。**また、**透水性とは、物質の水の通しやすさについての性質です。透水性が高い場合は水を通しやすく、低い場合は水を通しにくいことを意味します。**せき板の透水性が高く、コンクリート中の余計な水分を通しやすければ、コンクリート中の水分量が減少してコンクリートの重量が低下し、側圧も低下します。

　⑧と⑨については、施工方法によりコンクリートが側方へ強く押し出されることによるものです。水の側圧の大きさが水の深さに伴って大きくなるように、コンクリートも1回の打込み高さが高くなるとコンクリートの重量が大きくなり、側圧が大きくなります。そして、コンクリートの打上がり速度が速い、つまり、短時間でコンクリートを流動性の高いうちに打ち終えてしまうことでも、側圧が大きくなります。**コンクリートの1回の打込み高さを低くしたり、打上がり速度を遅くしたりすることで、側圧が小さくなります。**

上記のように、コンクリートの側圧と打込み高さとの関係は、水の側圧と深さの関係と似ています。水は深いほど、その重量により水圧が大きくなり、側圧も大きくなります。

　図5.7の①は、水の側圧実験の様子です。高さの異なる位置に穴をあけた水槽に水を入れ、水の噴出する距離の違いから、水は深いほど側圧が大きくなることがわかります。図の②は、水の側圧実験における水の側圧と深さの関係を概念的に表した図です。水の側圧は深さに比例し、深い位置ほど大きくなります。

①水の側圧実験の様子　　　　②水深と側圧の関係の概念図

図5.7　水の側圧

　コンクリートもこれに似ています。しかし、異なる点があります。それは、コンクリートは時間の経過とともに硬化して、流動性が失われるということです。

　図5.8は、コンクリートの打込み高さと側圧の関係を概念的に示したものです。いずれの図も、縦軸がコンクリートの打込み高さ、横軸が側圧です。図の①は、コンクリートの凝結が始まる前に打ち上がる場合、図の②は、コンクリートが打ち上がる前にコンクリートの凝結が始まる場合を表しています。

コンクリートが打ち上がる前にコンクリートの凝結が起こらなければ、図の①のように、打込み開始から終了までコンクリートの流動性が変化せず、水の側圧と同様に型枠の下の位置ほどコンクリートの重さで側圧が大きくなります。

コンクリートが打ち上がる前にコンクリートの凝結が起こる場合は、図の②のように、最初に打ち込んだ型枠の下の位置のコンクリートの側圧が、コンクリートの凝結開始後はコンクリートの硬化によって、最大値に達した後はその上にコンクリートが打込まれても上昇せずに一定となります。そして、凝結開始前の打ち上がり高さに近い位置では、水の側圧に近い状態となります。

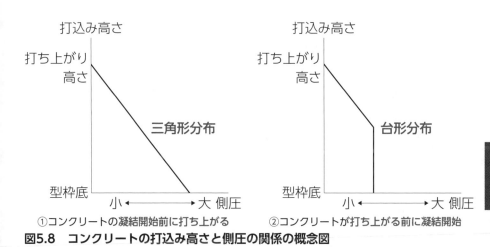

①コンクリートの凝結開始前に打ち上がる　　②コンクリートが打ち上がる前に凝結開始

図5.8　コンクリートの打込み高さと側圧の関係の概念図

問 梁部材や床部材の型枠に、むくりを設ける計画とするのは[①適当、②不適当]である。

正解 ①適当

解説

梁や床の型枠は、コンクリートなどの重さで下方向にたわみが生じるので、あらかじめ上方向に湾曲させる**むくり**を設けます。

問 梁部材の型枠は、底面よりも側面を先に取り外すことが［①できる、②できない]。

正解 ①できる

解説

梁部材の底面の型枠（支保工）は、たわみ防止などの観点から、コンクリートの圧縮強度が設計基準強度に達するまで、取り外すことができません。これに対して側面の型枠（せき板）は、**容易に損傷しない最低限必要なコンクリートの圧縮強度が確認できれば、取り外すことができます**。

問 型枠の構造計算では、一般に、鉛直方向荷重の［①5%、②20%]を、支保工に作用する水平方向荷重とする。

正解 ①5%

解説

施工方法などにより大きさが異なる不明確な水平方向荷重は、通常、鉛直方向荷重の5%とします。

問 型枠の構造計算では、通常、支保工に作用する鉛直方向荷重に、打込み時の衝撃荷重を ［①考慮する、②考慮しない］。

正解 ①考慮する

解説

型枠の構造計算では、支保工に作用する鉛直方向荷重として、**ポンプ使用による衝撃力を考慮**します。

問 コンクリートの打込み温度、打込み速度が同じ場合、型枠に作用する側圧は、壁と柱では、柱の方が ［①大きく、②小さく］ なる。

正解 ①大きく

解説

柱の方が躯体の厚さが大きく、厚さの薄い壁に比べて、せき板の単位面積当たりに生じる側圧が**大きく**なります。

問 コンクリートの流動性が ［①高い、②低い］ ほど、型枠に作用するコンクリートの側圧は大きくなる。

正解 ①高い

解説

流れやすい（流動性の高い）コンクリートほど、型枠に作用するコンクリートの側圧は**大きく**なります。

一問一答要点チェック

問 コンクリートの温度が［①高い、②低い］ほど、型枠に作用するコンクリートの側圧は大きくなる。

正解 ②低い

解説

コンクリートの温度が**低い**と、硬化するのに時間がかかり、流動性の低下にも時間がかかるので、型枠に作用するコンクリートの側圧は大きくなります。

問 コンクリートの打上がり速度が［①速い、②遅い］ほど、型枠に作用するコンクリートの側圧は大きくなる。

正解 ①速い

解説

コンクリートの打上がり速度が**速い**と、コンクリートの流動性があまり低下しないうちに打ち上がることになるので、型枠に作用するコンクリートの側圧は大きくなります。

問 コンクリートの凝結が［①速い、②遅い］ほど、型枠に作用するコンクリートの側圧は大きくなる。

正解 ②遅い

解説

コンクリートの凝結の開始時間が**遅い**と、コンクリートの流動性の低下に時間がかかり、型枠に作用するコンクリートの側圧は大きくなります。

問 コンクリートの単位容積質量が［①大きい、②小さい］ほど、型枠に作用するコンクリートの側圧は小さくなる。

正解 ②小さい

解説

コンクリートの単位容積質量を**小さく**するということは、コンクリートが軽くなるということなので、型枠に作用するコンクリートの側圧は小さくなります。

問 コンクリートのスランプが［①大きい、②小さい］ほど、型枠に作用するコンクリートの側圧は小さくなる。

正解 ②小さい

解説

コンクリートのスランプを**小さく**することで、コンクリートの流動性が低下し、側圧は小さくなります。

問 1回の打込み高さが［①高い、②低い］ほど、型枠に作用するコンクリートの側圧は小さくなる。

正解 ②低い

解説

コンクリートの1回の打込み高さを**低く**すると、先に打ち込んだコンクリートの硬化が進んだ状態で次のコンクリートを打ち重ねることができるので、側圧が小さくなります。

問 コンクリートの流動性に変化のない時間内では、型枠に作用するコンクリートの側圧の分布は、[①三角形、②台形] 状になる。

正解 ①三角形

解説

コンクリートの流動性に変化のない状態は、コンクリートが流れやすく、コンクリートの側圧は水の側圧と同様に**三角形状に分布**します。

問 コンクリートの打込み後、凝結が始まってからは、型枠に作用するコンクリートの側圧の分布は、[①三角形、②台形] 状になる。

正解 ②台形

解説

コンクリートに凝結が始まると、流動性が低下します。最初に打ち込んだコンクリートの側圧は、コンクリートの流動性低下後は一定に近づき、打上がり高さに近い位置のコンクリートの側圧は、水の側圧に近い状態となります。よって、側圧は**台形状**の分布になります。

◁ 学習のポイント ▷

コンクリート工事の流れを知り、コンクリートの運搬や打込み・締固めの方法、打継ぎの処理、表面の仕上げ、また、コンクリート打込み後の養生などについて、コンクリートの品質に関わる特徴や規定について理解する。

硬化する前のコンクリートを、フレッシュコンクリートといいます。フレッシュコンクリートは、建設現場では生コン（生コンクリート）とも呼ばれています。フレッシュコンクリートは、建設現場で練り混ぜるものと、工場で練り混ぜるものがあります。工場で練り混ぜ、製造されたコンクリートをレディーミクストコンクリートといいます。

コンクリート工事では、主にレディーミクストコンクリートが使用されます。レディーミクストコンクリートは、JIS A 0203（コンクリート用語）において「整備されたコンクリート製造設備を持つ工場から、荷卸し地点における品質を指定して購入することができるフレッシュコンクリート」と定義されています。

ここでは、フレッシュコンクリートを工場から型枠までどのように運搬し、どのように打込むのか。また、打込む際に重要な締固めや打継ぎでは、何を考慮しなければならないのかについて学びます。

なお、ここでは特にことわりのない限り、フレッシュコンクリートやレディーミクストコンクリートを「コンクリート」と記載して説明します。

コンクリート工事の流れ　　　重要度 ★★★

工場から出荷したコンクリートを、建設現場へ運搬、荷卸しする際に、受入検査（購入者側が品質を確認するための検査）が行われます。

第 **5** 章　コンクリート構造の施工

写真5.13　受入検査の様子

　受入検査に合格したコンクリートは、コンクリートポンプなどによって型枠内に打ち込まれます。通常、コンクリートの打込みは、大まかに柱・壁→梁→床の順番で行われ、打込み終了時には床表面を平滑（へいかつ）に均（なら）します。コンクリートの打込み終了後は、コンクリートが所定の強度を発揮できるように、養生（ようじょう）を行います。

製　造	輸　送	受入検査	打込み	養　生
・品質の指定 ・工場における 　レディーミク 　ストコンクリ 　ートの製造 等	・トラック 　アジテー 　タによる 　現場への 　運搬	・呼び強度、 　スランプ、 　空気量、塩 　化化合物含 　有量　　等	・圧送等による型枠までの運搬 ・締固め ・打継の処理 ・床コンクリート表面の仕上げ 　　　　　　　　　　　　　等	・湿潤養生 ・膜養生 　　　　等

図5.9　コンクリート工事の流れ

コンクリートの運搬 　　　　　　　　　重要度 ★★★

　コンクリートの運搬には、**コンクリート工場から建設現場の荷卸し地点までの運搬**と、**荷卸し地点から型枠までの運搬**とがあります。
　コンクリートの**工場から荷卸し地点までの運搬**には、**トラックアジテータやダンプトラックが使用**されます。トラックアジテータは、一般には、コンク

リートミキサー車や生コン車とも呼ばれる運搬車で、後部にドラム型の撹拌機（かくはん）（アジテータ：agitator）を搭載した車両です。車両後部のドラム内部に螺旋（らせん）状のプレートが付いていて、運搬中も回転してフレッシュコンクリートを攪拌し、材料分離を防ぎます。なお、ダンプトラックの使用については，スランプ2.5cmの舗装コンクリートを運搬する場合に限定されています。

　コンクリートは、時間の経過とともに品質が変化します。そこで、**コンクリート工場から建設現場の荷卸し地点までの運搬時間が、JIS A 5308（レディーミクストコンクリート）で規定**されています。そこでは、**運搬時間は生産者が練混ぜを開始してから運搬車が荷卸し地点に到着するまでの時間として、1.5時間以内とする**とされています（ダンプトラック使用の場合は、1時間以内）。ただし、購入者と協議の上であれば、運搬時間の限度を変更することができるとされています。なお、コンクリートの荷卸しの際には、**コンクリートを構成する材料の分布が均一（均質）になるように、アジテータを高速攪拌してから排出**します。

　建設現場の荷卸し地点では、購入したコンクリートの品質確認のための受入検査を行います。確認する項目は、強度、スランプまたはスランプフロー、空気量、塩化物含有量などです。

　受入検査に合格したコンクリートは、**運搬用機器を用いて型枠内に打ち込まれます**。コンクリートの運搬用機器には、**コンクリートポンプやコンクリートバケット、ベルトコンベア、シュート**などがあります。なお、**コンクリートの練り混ぜから打込み終了までの時間が、土木学会示方書やJASS5において規定**されています。土木学会示方書では、外気温が25℃以下のときは2時間以内、25℃を超えるときは1.5時間以内を標準とし、JASS5では外気温が25℃未満のときは120分、25℃以上のときは90分を限度とすることが規定されています。

(1) コンクリートポンプ

　コンクリートポンプは、ホッパ（コンクリートを受け入れるための装置）に投入されたコンクリートに、機械的な圧力を加えて輸送管から押出し（これを

「圧送」といいます）、型枠へ打込む装置です。

①ブーム付きコンクリートポンプ車

②スクイズ式コンクリートポンプ

③コンクリートのホッパへの排出

④コンクリート圧送の様子

写真5.14　コンクリートポンプ車によるコンクリート圧送の様子

　コンクリートポンプは、圧力を加える方式の違いにより「**ピストン式**」と「**スクイズ式**」があります。

　ピストン式は、シリンダ内でピストンを前後に繰り返し動かすことで、コンクリートの吸込みと圧送を連続して行う方式です。密閉した容器に水を入れ、棒状のピストンを前後に動かすことで圧力を加えて押し出す、筒状の水鉄砲と同じ原理です。構造が複雑で重量は大きくなりますが、ピストンの駆動によって高い吐出圧力を得ることができるので、**コンクリートの長距離圧送**や粘性の高い単位セメント量の多い**高強度コンクリート**、粉体量の多い**高流動コンクリート**の圧送に適しています。

　スクイズ式は、ゴム製のチューブ（ポンピングチューブ）内にあるコンク

リートを、チューブの外側からローラで圧力を加えて押し出す方式です。チューブ容器に入った調味料や歯磨き粉を、チューブの外側から指で圧力をかけて押し出すのと同じ原理です。ピストン式と比べると構造がシンプルで小型・軽量ですが、**吐出圧力が低いので、スランプが小さく流動性の低い（かたい）コンクリートの圧送には適していません。**

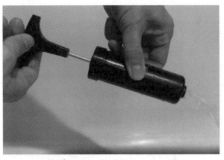
①ピストン式圧送のイメージ
- 吐出圧力が高い
- 長距離圧送に適
- 高強度、高流動コンクリートに適

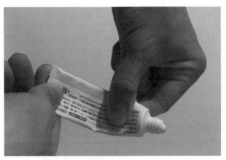
②スクイズ式圧送のイメージ
- 吐出圧力が低い
- 長距離圧送に不適
- スランプが小さくかたいコンクリートには不適

写真5.15　ポンプ圧送の原理のイメージ

コンクリートポンプによる**コンクリートの圧送のしやすさ、しにくさを表すのが圧送性**（ポンパビリティ）です。圧送性はコンクリートの施工性に関わるものであり、硬化後のコンクリートの品質に影響を与える要因にもなります。圧送性が高いとは、コンクリートで輸送管を閉塞させる（詰まらせる）ことなく、できるだけ低い圧力で多くのコンクリートを圧送できる能力を持っていることを意味します。

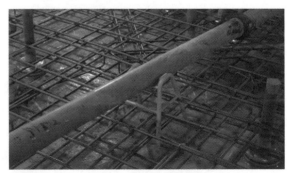

写真5.16　コンクリートの輸送管

圧送性をよくするには、輸送管の内壁とコンクリートの摩擦を低減するなどして、通過するコンクリートの管内圧力損失（抵抗による圧力の低下）を小さくし、圧送負荷を低減することが必要です。**管内圧力損失が大きくなる、閉塞（詰まり）が生じる**といった、**圧送性を低下させる要因**には、次のものなどがあります。

表5.6　圧送性を低下させる要因

圧送に高い圧力が必要になり、圧送負荷が大きくなる場合（いずれも、コンクリートを押し出すのに強い力が必要）	● 圧送距離が長い ● ベント管（曲げ配管）が多い ● 時間当たりの吐出量が多い ● 輸送管の径が小さい ● コンクリートのスランプが小さく、粘性が高い
コンクリートが輸送管を閉塞させやすい場合（いずれも、コンクリートの粘性が低くなり、材料分離を生じやすい）	● コンクリートの単位セメント量が少ない ● コンクリートの細骨材率が低い ● コンクリートのスランプが大きい

　また、輸送管内を通過する**コンクリートの湿潤性の低下や材料分離も、輸送管の閉塞（詰まり）の原因**となります。**下向き配管による圧送**は、上向き配管による圧送に比べて**材料分離を生じやすく、輸送管の閉塞が生じやすくなります**。

　閉塞を防止するため、コンクリートの圧送に先立ち、**水や先送りモルタルを圧送**して、輸送管の水密性や湿潤性を確保します。なお、**先送りモルタルは、**構造体コンクリートに打ち込んだ場合の影響が不明確であることから、**構造体コンクリートに打ち込まない**ことを原則とします。

(2) コンクリートバケット

　コンクリートバケットは、コンクリートを運搬するためのバケツ状の容器で、コンクリートホッパとも呼ばれます。荷卸し地点でコンクリートをコンクリートバケットに移し、クレーンで吊り上げて型枠まで移動し、打込みます。**クレーンで移動するため、コンクリートに与える振動が少なく、材料分離が生じにくい打込み工法**です。

(3) ベルトコンベア

ベルトコンベアは、作動中、ベルトに振動が生じやすく、その振動によって**材料分離を生じやすいので、スランプが大きくてやわらかいコンクリートの運搬には適していません**。

(4) シュート

シュートは、樋状や筒状のコンクリート打設用具です。**斜めシュート**は、コンクリートをすべり台の上をすべらせるように打込むので、シュートとコンクリートとの摩擦によって、縦型を用いるよりも**材料分離が生じやすくなります**。斜めシュートの場合は、傾斜角度を30°以上にして、材料分離をできるだけ低減するようにします。

コンクリートの打込み、締固め　重要度 ★★★

コンクリートを型枠内に充填する作業を、「**打込み**」といいます。打込みは、「**打設**」ともいいます。

打込みでは、**コンクリートを材料分離させない**ようにしながら、**型枠の隅々まで大きな空隙ができないように充填**することが重要です。

写真5.17　コンクリートの打込みの様子

工事の際に**材料分離を生じさせる要因**には、**運搬や打込み中におけるコンクリートへの過度の振動、打込み時の高所からの落下、横流し**があります。

表5.7　打込み中に材料分離を生じさせる要因と対策

要因	対策
運搬中、打込み中の過度の振動	● コンクリートの荷卸しの際、アジテータを高速攪拌してから排出する ● 締固めの際、振動機の加振時間を1か所当たり5〜15秒程度を目安として、長くなりすぎないようにする
打込み時の高所からの落下	● コンクリートを高い位置から落下させず、打込み用のホースやシュートの先端を目的の打込み位置へできるだけ近づけて打込む
打込み時の横流し	● コンクリートを遠くまで横流しせず、目的の打込み地点へできるだけ近づいて打込む

　コンクリートは時間の経過とともに硬化するので、できるだけ時間をかけずに打込みを終えることが重要です。しかし、短時間で打込みを終えようとして**打込み速度を過度に速くすると、十分な締固めが行えず、また、型枠に作用する側圧が大きくなり、せき板のはらみや型枠倒壊の原因**になります。**壁や柱の型枠へのコンクリート打込みは、十分な締固めを行うことができ、型枠に作用する側圧が小さくなるように、2回以上に打ち分ける**ようにします。

　図5.10は、3回に打ち分ける計画の例です。**1回目を階高の中央付近で打ち止める**ことで、締固めを十分に行えるようにするとともに、壁・柱型枠に作用する側圧が小さくなるようにしています。**2回目は、梁の下端で打ち止めて十分に締固め、コンクリートの沈降が終わるのを待って、3回目で梁・床の上端まで打込み**ます。

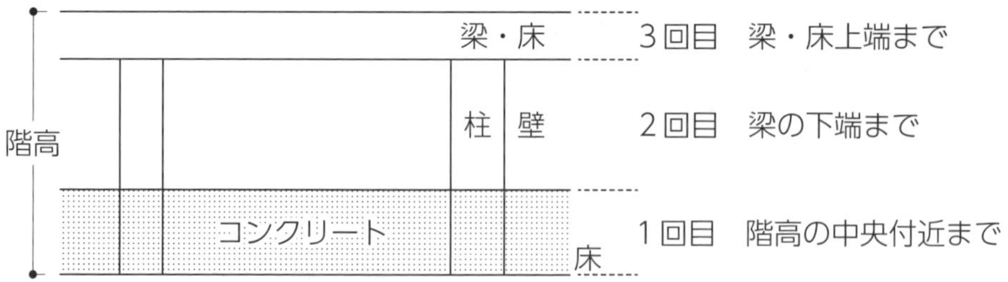

				梁・床		3回目	梁・床上端まで
階高				柱	壁	2回目	梁の下端まで
		コンクリート			床	1回目	階高の中央付近まで

図5.10　コンクリート打込み計画の例

コンクリートは、打込みの直後から**ブリーディング**が生じ、このブリーディングに伴ってコンクリート自体が沈みます（コンクリートの沈降）。**ブリーディングとは、コンクリート打込み後、時間の経過とともに、重量の大きい骨材やセメント粒子が沈み、練り混ぜ水の一部が軽い微細な粒子を伴って浮き上がってくる現象**です。

梁の下端と壁との境界や、梁の上端と床との境界では、コンクリートの沈降を原因とした沈下ひび割れ（沈みひび割れ）を生じるおそれがあります。このため、**柱や壁のコンクリート打込みが終了したら、梁の下端でいったん打ち止めて、コンクリートの沈降が落ち着くのを待ってから、梁・床上端（うわば）までコンク**リートを打ち上げます。

コンクリートは、流動性はあるものの、水のように自ら狭い所へも流れてくれるわけではありません。そこで、**粘性のあるコンクリートに適度な振動を与えることで、型枠の隅々まで行き渡らせます。これを「締固め」（しめかた）**といいます。**コンクリートが材料分離せず、また、大きな空隙ができないように密実（みつじつ）に締め固めることが重要**です。材料分離や大きな空隙は、コンクリートの断面を欠損させ、構造強度や耐久性を低下させます。

コンクリートを密実に打込むために、振動機（バイブレータ）などを使用して締固めます。振動は、コンクリートの内部と外部から与えます。振動を内部から与える機械をコンクリート内部振動機、外部から与える機械をコンクリート外部振動機といいます。コンクリート内部振動機には棒形振動機（棒状バイブレータ）が、コンクリート外部振動機には型枠振動機（型枠バイブレータ）が一般に使用されます。なお、**内部振動機と外部振動機では、内部から直接コンクリートに振動を与える内部振動機の方が締固め効果は大きくなります。**また、振動機を使用できない箇所では、コンクリートを突き棒で突く、型枠を木づちで叩くといったことで締固めを行います。

①棒形振動機による締固め　　　　　　　②木づちによる締固め

写真5.18　締固めの様子

　棒形振動機は、コンクリートに挿入してコンクリートを内部から振動させる機械です。**棒形振動機の振動効果は振動体の加速度に比例するので、振動数が大きいほど締固めの効果は高くなります。**棒形振動機の使用では、次のことに留意します。

●締固めは打込みの各層で行い、先に打ち込んだ下層にも振動機の先端が入るようにする

　コンクリートを型枠の高さ方向に打ち重ねていくときに、上層にしか振動を与えないということがないようにします。また、先に打ち込んだ下層にも振動機の先端を入れることで、コールドジョイント（先に打ち込んだコンクリートと後から打ち込んだコンクリートが完全に一体化せずにできる継目）を防止します。

●振動機の加振時間は1か所当たり5〜15秒程度とし、同一箇所で長時間加振しない

　棒形振動機を同一箇所で長時間加振すると、コンクリートが材料分離を生じます。

●振動機はほぼ鉛直に挿入し、挿入間隔は十分な締固めが行える範囲とする

　棒形振動機の挿入間隔は、十分な締固めが行える範囲として、大きくなり過ぎないようにします。一般的な径の棒形振動機を使用する際の**挿入間隔の目**

安として、土木学会示方書では50cm以下、JASS5では60cm程度以下としています。なお、**振動機の径が細くなる場合は、挿入間隔が狭くなります。**

● **振動機を引き抜くときは、加振しながらゆっくりと徐々に引き抜く**

コンクリートに穴を残さないように引き抜きます。

● **振動機でコンクリートの横流しをしない**

コンクリートを横流しすると、軽いセメントペーストが遠くへ運ばれ、重い骨材が手前に残り、材料分離が生じます。

型枠振動機は、型枠に取付けて、コンクリートを外部から振動させる機械です。**柱や壁のせき板を振動させて締め固めるので、締固め効果は部材表面近傍に限定されます。**フォームタイのねじのゆるみや、せき板に有害なたわみが生じないように取り付けます。

コンクリートの打継ぎ　　重要度 ★★★

コンクリート構造物の規模が大きい場合、コンクリート躯体工事（型枠・鉄筋・コンクリート工事）を複数回に分けて実施します。構造物が2階以上の場合、一般に、高さ方向に分割して、基礎から始めて1階ごとにコンクリート躯体工事を進めていきます。また、平面的に規模の大きい構造物の場合、平面を分割（これを、工区分けなどといいます）して、工区ごとにコンクリート躯体工事を行います。多くのコンクリート構造物では、高さ方向や平面で躯体を分割して工事を行いますが、**分割することで躯体に継ぎ目**ができてしまいます。

このコンクリート工事における躯体の継ぎ目を、打継ぎといいます。高さ方向に打ち継ぐと、柱や壁などの鉛直部材に水平に打継ぎ面ができ、平面で打ち継ぐと、壁などの鉛直部材や梁・床などの水平部材に鉛直に打継ぎ面ができます。

写真5.19　柱の水平打継ぎ面

本来、コンクリート構造は、継ぎ目なく一体的に作られているものとして構造設計が行われています。しかし、既に打込みが終了しているコンクリート躯体と、その躯体に連続して後から打込まれるコンクリート躯体を完全に一体化することはできません。**一体化していない躯体の打継ぎは構造強度上の弱点**となります。また、打継ぎ部はひび割れを生じやすく、水の侵入（漏水）や鉄筋を錆びさせて耐久性を低下させる原因にもなります。そのため、できるだけ一体化した状態に近づけるようにする必要があります。

　コンクリートの打継ぎでは、**次のことに留意**します。

●**打継ぎの位置は、構造耐力に最も影響の小さい位置とする**

　梁や床スラブなどに設ける**鉛直打継ぎ部**は、**生じるせん断力の小さいスパンの中央または端部から1/4付近**に設けます。また、**柱や壁に設ける水平打継ぎ部**は、**床スラブや梁の上端または下端**に設けます。

　梁には、自重やその構造物を使用する人や物の重さなど、鉛直方向下向きの荷重が常時作用しています。これらの荷重は、鉛直方向下向きの等分布荷重にモデル化することができます。この荷重により生じるせん断力の分布は、**梁の両端（柱際）で大きく、中央部で0**になります。

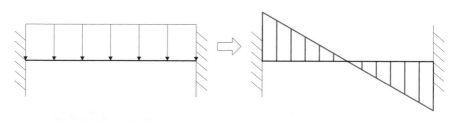

両端固定梁の荷重状態　　　　　　　　両端固定梁のせん断力分布

図5.11　梁部材の荷重状態とせん断力分布

●**打継ぎ面は、軸方向（圧縮力を受ける方向）に垂直（直角）に設ける**

　柱であれば水平に、梁であれば鉛直になるように打継ぎを設けます。

●打継ぎ面には、レイタンスなどの脆弱な物質が残らないようにする

コンクリート打込みの際、**練り混ぜ水の一部が分離してコンクリートの上面に上昇する現象をブリーディング**といいます。このブリーディングによって、**水とともにセメント中の微細な物質などがコンクリート上面に浮き上がり、脆弱な薄い層**を作ります。これを**レイタンス**といいます。レイタンスは打継ぎ部の欠陥となるので、**ワイヤーブラシなどで除去**します。

●打継ぎ面は、散水などにより湿らせてから新しいコンクリートを打ち継ぐ

打継ぎ面のコンクリートに、そのまま新たなコンクリートを打ち継ぐと、**打継ぎ面のコンクリートが新たなコンクリートの水分を吸収して水和を阻害し、打継ぎ部のコンクリートが硬化不良を起こすおそれ**があります。**コンクリートの打継ぎ面は、新たなコンクリートを打ち継ぐ前に散水して湿らせ**ます。なお、打継ぎ面の処理には、**コンクリート凝結開始前に打継ぎ面に遅延剤を散布し、翌日にレイタンスなどの脆弱部を取り除く方法**もあります。

地下階のあるコンクリート構造物では、地下躯体の打継ぎが地盤の中にできることになります。地盤には多くの水分が含まれていることから、**地中に設けられる打継ぎ部には水密性が求められます**。しかし、通常の打継ぎ処理では漏水の可能性があるので、**止水板が多く用いられます**。止水板は、ゴムなどの止水性の高い材料で作られ、打継ぎ部の躯体に埋め込む、もしくは、打継ぎ部の躯体の外側に張り付けることによって、打継ぎ部からの水の侵入を防ごうというものです。このような、**水密性の要求される打継ぎ部には、止水板の使用が有効**です。

コンクリートの表面の仕上げ　　重要度 ★★★

コンクリートの打込みは、一般に、床スラブのような型枠の接していない平面が最後になります。型枠の接していない平面は、所定のレベル（高さ）、平面精度となるように仕上げます。

コンクリート表面の仕上げの手順は、一般に、大まかにレベルを合わせる**荒**

均しを行い、アルミ製などの直線状の長い定規を使用して表面を平らにする**定規ずり**の後、最終的な床の表面仕上げ（石張りや長尺シート張りなど）の種類に応じて、**木ごてや金ごてで平滑に仕上げ**ます。

荒均し	➡	定規ずり	➡	こて仕上げ
コンクリート表面の平面レベルを大まかに合わせながら均す		直線状の長い定規を使用して表面を平らにする		木ごてや金ごてを用いて、表面を平滑に仕上げる

図5.12　コンクリート表面の仕上げ手順の例

写真5.20　床コンクリートの荒均しの様子

　石張りやタイル張りなど、下地となるコンクリート表面の状態が仕上げ材表面に影響を及ぼさない場合には、木ごてを用いて仕上げます。そして、コンクリート表面をそのまま仕上げとするコンクリート直均し仕上げや、コンクリート表面の状態が仕上げ材表面に影響を及ぼす塗装仕上げなどの場合には、金ごてを用いて仕上げます。なお、**過度なこて仕上げ**は、コンクリート表面にセメントペーストが集まりすぎて、**収縮ひび割れを助長する**ので注意が必要です。

　金ごてによるコンクリート表面の仕上げは、ブリーディングの終了後、表面の水が減少し始めた頃から行います。**金ごてによる仕上げ**は、**コンクリート表面を平らにするだけでなく、緻密にして耐久性や水密性を向上させます**。

写真5.21　金ごてによる床コンクリート表面の仕上げの様子

　　コンクリートの打込みが終了した直後から発生する**ブリーディング**などによ
るコンクリートの沈下により、コンクリート表面には**沈みひび割れ（沈下ひび
割れ）**が生じます。

　　コンクリートが沈下する際、鉄筋やセパレータがある箇所では沈下が妨げら
れ、その周囲のコンクリートとの間に沈下量の差が生じ、沈みひび割れが発生
します。**沈みひび割れが生じると、鉄筋の腐食による耐久性の低下や漏水の原
因**となります。また、**沈みひび割れが発生した箇所の鉄筋やセパレータの下部
には、コンクリートの沈下による空隙ができ、構造耐力上の欠陥**となります。

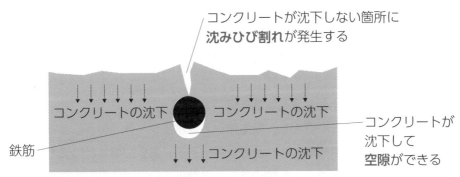

図5.13　沈みひび割れ（沈下ひび割れ）の模式図

コンクリート表面をタンパーなどの工具で叩いて振動を与えることで、沈み
ひび割れを修復し、締め固めることができます。これをタンピングといいます。
タンピングは、コンクリートの流動性が失われる前（凝結終了前）に行います。

コンクリートの養生 重要度 ★★★

　私たちが日常生活において使用する養生という言葉は、健康に注意する、健
康を保つ、病気の回復に努めるといったことを意味します。**コンクリートの養
生とは、強度発現を促すためにコンクリートを保護すること**を意味します。な
お、建設現場では、作業員や第三者を工事の危険から保護することや、仕上げ
工事の終了した箇所をキズや汚れから保護することも養生と呼んでいます。

　コンクリートは、セメントと水の水和反応により硬化が進行します。つまり、
コンクリートは水分がなければ硬化することができません。また、**コンクリー
トの硬化には、温度も影響**します。**温度が低すぎると強度発現が遅れるばかり
でなく、初期凍害を生じる**おそれもあります。初期凍害は、コンクリートの強
度が十分に発現する前にコンクリート中の水分が凍結することで生じる硬化不
良です。いったん、初期凍害を生じ、水和反応を阻害されたコンクリートは、
その後、いくら適切な養生を行ったとしても、本来の品質に回復することはあ
りません。**温度が高すぎるとひび割れや、長期的な強度増進の低下**を生じさせ
ます。そして、**硬化中のコンクリートに過度な振動や衝撃などの外力が加わる
と、構造上有害なひび割れや損傷、たわみが発生**するおそれがあります。

　コンクリートの養生では、次のことに留意します。

●湿潤養生により、十分な湿潤状態を保つ

　露出したコンクリート表面を、**養生マットや水密シート**で覆うことで水分の
蒸発を防ぐ、**散水や噴霧**により水分を補給する、**膜養生剤**などの使用により
水分の急激な減少（逸散）を防ぐなどの湿潤養生を行い、湿潤状態を保ちま
す。

●**保温養生**により、**低温から保護**する

平均気温が4℃を下回るような、初期凍害を生じるおそれのある**寒い時期に
コンクリートを打込む場合には、初期凍害を生じないように保温養生**を行い
ます。保温養生には、周囲の空気をヒーターなどにより暖める加熱養生や、
断熱性のある材料でコンクリートを覆う断熱養生、コンクリートの露出面を
シートなどで覆うシート養生があります。なお、**保温養生の際も、コンク
リートが十分な湿潤状態を保つように、散水など**を行います。

●**振動と外力から保護**する

構造上有害なひび割れや損傷、たわみが発生しないように、**打込み後の硬化
中にあるコンクリート周囲において、振動を伴う作業や重量物を置くことな
どがないか管理**します。

> ### ミニ知識
>
> コンクリートの養生については、建築基準法施行令において以下のように規
> 定されています。
>
> （コンクリートの養生）
> **第七十五条**　コンクリート打込み中及び打込み後五日間は、コンクリートの温
> 度が二度を下らないようにし、かつ、乾燥、震動等によってコンクリートの凝
> 結及び硬化が妨げられないように養生しなければならない。ただし、コンクリー
> トの凝結及び硬化を促進するための特別の措置を講ずる場合においては、この
> 限りでない。

コンクリートの養生期間は、できるだけ長い期間行うことが望ましく、
JASS5や土木学会示方書において、養生期間が規定されています。主なもの
は次のとおりです。

●普通ポルトランドセメントを使用したコンクリートの湿潤養生の期間を、計
　画供用期間の級が短期および標準の場合は5日以上、長期および超長期の場
　合は7日以上とする

JASS5では、湿潤養生の期間を使用するセメントごと、計画供用期間の級ごとに規定しています。計画供用期間は、コンクリートの圧縮強度を耐久性の観点（どれくらい長持ちさせたいのか）から設定する際の目安となる期間で、短期はおおよそ30年、標準はおおよそ65年、長期は100年、超長期は100年超です。

●早強、普通、中庸熱ポルトランドセメントを使用したコンクリートの場合、コンクリートの圧縮強度が所定の値以上に達したことを確認すれば、以降の湿潤養生を打ち切ることができる（ただし、コンクリート部分の厚さが18cm以上の部材の場合）

JASS5ではセメントの種類に応じて、コンクリートの圧縮強度が所定の値以上に達したことを確認することで、湿潤養生を打ち切ることができるとしています。

●普通ポルトランドセメントを使用したコンクリートの湿潤養生の期間を、日平均気温が5℃以上10℃未満の場合は9日、10℃以上15℃未満の場合は7日、15℃以上の場合は5日を標準とする

土木学会示方書では、湿潤養生の期間を使用するセメント（早強、普通ポルトランドセメントおよび混合セメントB種の3種類）ごと、日平均気温ごとに規定しています。

問 コンクリートの練混ぜ開始から［①荷卸し地点、②打込み終了］までの時間が、JISにおいて規定されている。

正解 ①荷卸し地点

解説

コンクリートの練混ぜ開始から荷卸し地点までの運搬時間を1.5時間以内とすることが、JIS A 5308（レディーミクストコンクリート）において規定されています。

問 荷卸し地点におけるコンクリートのトラックアジテータからの排出は、［①撹拌せずに、②高速撹拌してから］行う。

正解 ②高速撹拌してから

解説

コンクリートの荷卸しの際には、コンクリートを構成する材料の分布が均一（均質）になるように、アジテータを高速撹拌してから排出します。

問 コンクリートの［①練混ぜ、②打込み開始］から打込み終了までの時間が、土木学会示方書やJASS5において規定されている。

正解 ①練混ぜ

解説

コンクリートの練り混ぜから打込み終了までの時間について、土木学会示方書では、外気温が25℃以下のときは2時間以内、25℃を超えるときは1.5時間以内を標準とし、JASS5では外気温が25℃未満のときは120分、25℃以上のときは90分を限度とすることを規定しています。

問 [①ピストン式、②スクイズ式] のコンクリートポンプは、コンクリートの長距離圧送や高強度コンクリートの圧送に適している。

正解 ①ピストン式

解説

ピストン式のコンクリートポンプは、**スクイズ式に比べて吐出圧力が高く**、コンクリートの長距離圧送や、粘りの強い、単位セメント量の多い高強度コンクリートや粉体量の多い高流動コンクリートの圧送に適しています。

問 ベント管の数を[①多く、②少なく] すると、コンクリートポンプの圧送負荷は小さくなる。

正解 ②少なく

解説

ベント管（曲げ配管）は、直線状の配管に比べて**圧送負荷が大き**くなります。ベント管の数を**少なく**することで、コンクリートポンプの圧送負荷を低減できます。

問 圧送距離を [①長く、②短く] すると、コンクリートポンプの圧送負荷は小さくなる。

正解 ②短く

解説

圧送距離が長いほど、コンクリートポンプの**圧送負荷が大き**くなります。圧送距離を**短く**することで、コンクリートポンプの圧送負荷を低減できます。

問 輸送管の径を[①大きく、②小さく]すると、コンクリートポンプの圧送負荷は大きくなる。

正解 ②小さく

解説

輸送管の径が小さいほど、輸送管の内壁と摩擦を生じるコンクリートの表面積が大きくなるので、コンクリートポンプの**圧送負荷が大きく**なります。輸送管の径を**大きく**することで、コンクリートポンプの圧送負荷を低減できます。

問 コンクリートポンプは、時間当たりのコンクリートの吐出量が［①多く、②少なく］なると、圧送負荷は大きくなる。

正解 ①多く

解説

時間当たりのコンクリートの吐出量が**多く**なると、コンクリートポンプの**圧送負荷が大きく**なります。時間当たりのコンクリートの吐出量が**少なく**なれば、コンクリートポンプの圧送負荷は低減します。

問 コンクリートの単位セメント量が［①多い、②少ない］ほど、圧送性は低くなる。

正解 ②少ない

解説

コンクリートは、単位セメント量が**少ない**ほど粘性が低くなり、材料分離とそれによる管内の閉塞を生じやすいため、圧送性は低くなります。

問 コンクリートの細骨材率が［①高い、②低い］ほど、圧送性は低くなる。

正解 ②低い

解説

コンクリートは、細骨材率が**低い**ほど粘性が低くなり、材料分離とそれによる管内の閉塞を生じやすいため、圧送性は低くなります。

問 コンクリートのスランプが［①大きい、②小さい］ほど、圧送性は低くなる。

正解 ②小さい

解説

コンクリートは、スランプが**小さい**ほど流動性が低くなり、圧送に高い圧力が必要になるので、圧送性は低くなります。

問 スランプが［①大きく、②小さく］なると、コンクリートポンプの吸込み性能は向上する。

正解 ①大きく

解説

スランプの**大きい**、**流動性の高いコンクリート**ほど、輸送管内に生じるコンクリートへの抵抗が小さくなるので、コンクリートポンプの吸込み性能は向上します。

問 スランプが［①大きく、②小さく］なると、コンクリートポンプの管内圧力損失は大きくなる。

正解 ②小さく

解説

スランプの小さい、**流動性の低いコンクリート**ほど、輸送管内に生じるコンクリートへの抵抗が大きくなるので、コンクリートポンプの管内圧力損失は大きくなります。

問 ポンプ圧送は、下向き配管の方が上向き配管に比べて、配管内の閉塞を［①生じやすい、②生じにくい］。

正解 ①生じやすい

解説

材料分離は、コンクリートを構成する材料の重さの違いによって生じます。下向き配管で圧送を行うと、重量の大きい粗骨材が最初に落下することになり、材料分離を生じやすくなります。下向き配管によるポンプ圧送は、上向き配管に比べると、配管内の閉塞が**生じやすく**なります。

問 事前吸水をしていない**軽量骨材**を用いたコンクリートは、閉塞が［①生じやすい、②生じにくい］。

正解 ①生じやすい

解説

軽量骨材は吸水性が高いことから、事前吸水を行っていない軽量骨材を用いたコンクリートは、輸送管内の湿潤性を低下させ、閉塞を**生じやすく**します。

問 コンクリートの圧送に先立って用いる先送りモルタルは、型枠内に打ち込むことが[①できる、②できない]。

正解 ②できない

解説

先送りモルタルは、構造体コンクリートに打ち込んだ場合の影響が不明確であることから、構造体コンクリートに**打ち込まない**ことを原則とします。

問 クレーンを使用したコンクリートバケットでの運搬は、コンクリートの材料分離が[①生じやすい、②生じにくい] 方法である。

正解 ②生じにくい

解説

コンクリートバケットは、コンクリートを運搬するためのバケツ状の容器です。クレーンで吊り上げてコンクリートの打設箇所まで運搬するので、**コンクリートに与える振動が少なく、材料分離の生じにくい**運搬方法です。

問 ベルトコンベアを使用してのコンクリートの運搬は、スランプの[①大きな、②小さな] コンクリートには適していない方法である。

正解 ①大きな

解説

ベルトコンベアは作動中に振動を生じやすいので、振動によって材料分離を生じやすい、スランプが**大きい**コンクリートの運搬には適していません。

問 斜めシュートを用いたコンクリートの運搬は、縦型のシュートを用いるよりも材料分離が ［①生じやすく、②生じにくく］ なる。

正解 ①生じやすく

解説

斜めシュートは、シュートとコンクリートとの摩擦によって、縦型よりも材料分離が生じやすくなります。

問 コンクリート打込み時の材料分離抑制のため、自由落下高さを［①大きく、②小さく］ する。

正解 ②小さく

解説

コンクリートを高い位置から落下させると、材料分離の原因となります。材料分離抑制のため、コンクリート打込み時は、打込み用のホースやシュートの先端をできるだけ目的の打込み位置へ近づけて打込むようにします。

問 壁にコンクリートを打ち込む際には、できるだけコンクリートを ［①横に流すように、②横に流さないように］ して、材料分離を抑制する。

正解 ②横に流さないように

解説

コンクリートの横流しは、材料分離の原因となります。材料分離抑制のため、目的の打込み地点へできるだけ近づいて打込みます。

問 柱と梁にコンクリートを打ち込む場合、沈下ひび割れを防ぐため、連続して一度に［①打ち込む、②打ち込まない］ようにする。

正解 ②打ち込まない

解説
梁下端と壁との境界、梁上端と床との境界では、沈下ひび割れを生じるおそれがあります。柱や壁のコンクリート打込みが終了したら、梁の下端でいったん打ち止めて、コンクリートの沈降が落ち着くのを待ってから、梁・床上端までコンクリートを打ち上げます。

問 棒形振動機の［①振動数、②挿入間隔］が大きいほど、締固めの効果が高い。

正解 ①振動数

解説
棒形振動機の振動効果は、**振動体の加速度**に比例します。よって、棒形振動機による締固めは、その**振動数が大きいほど**効果的といえます。

問 棒形振動機による締固めは各層で行い、下層のコンクリート中に振動機の先端が［①入る、②入らない］ようにする。

正解 ①入る

解説
締固めの際、上層にしか振動を与えないということがないように、また、先に打ち込んだ下層にも振動機の先端を**入れて**コールドジョイントを防止するようにします。

問 棒形振動機を使用しての締固めは、加振時間を［①5〜15秒、②60〜90秒］程度とする。

正解 ①5〜15秒

解説 ―――――――――――――――――――――――――――――――――

棒形振動機を同一箇所で長時間加振すると、コンクリートが材料分離を生じることから、加振時間は**5〜15秒**程度となります。

問 型枠振動機は、一般に、棒形振動機よりも締固め効果が［①大きい、②小さい]。

正解 ②小さい

解説 ―――――――――――――――――――――――――――――――――

内部から直接コンクリートに振動を与える棒形振動機の方が締固め効果は**大きく**なります。なお、型枠振動機は柱や壁のせき板を振動させて締め固めるので、締固め効果は**部材表面近傍**に限定されます。

問 壁や柱の型枠振動機を用いての締固めは、［①フォームタイ、②せき板］を振動させて締め固める。

正解 ②せき板

解説 ―――――――――――――――――――――――――――――――――

型枠振動機は、柱や壁の型枠に取付けて**せき板**を振動させ、コンクリートを外部から振動させる機械です。

第 **5** 章 コンクリート構造の施工

問 梁やスラブの鉛直打継ぎ目は、せん断力の［①大きい、②小さい］位置に設ける。

正解 ②小さい

解説

コンクリートには、圧縮力に強く、引張力やせん断力には弱いという特徴があります。打継ぎ目は、せん断力の**小さい**位置に設けます。

問 梁の鉛直打継ぎ目は、スパンの［①中央部、②柱際］に設ける。

正解 ①中央部

解説

梁部材に等分布荷重が作用したときに生じるせん断力の分布は、**梁の両端（柱際）で大きく、中央部で0**になります。このせん断力の分布から、梁の鉛直打継ぎ目はせん断力が0になる、スパンの**中央部**に設けます。

問 打継ぎ面は、部材の圧縮力を受ける方向と［①直角、②平行］に設ける。

正解 ①直角

解説

打継ぎ面は、部材の軸方向（圧縮力を受ける方向）と**垂直（直角）**に設けるのが基本です。

問 打継ぎ面は、レイタンスを取り除いた後、十分に ［①湿らせて、②乾燥させて］ からコンクリートを打継ぐ。

正解 ①湿らせて

解説

打継ぎ面のコンクリートが新たなコンクリートの水分を吸収して、打継ぎ部のコンクリートが硬化不良を起こさないように、コンクリートの打継ぎ面は散水して**湿らせ**ます。

問 水密性が要求される打継ぎ部には、［①コンクリート止め、②止水板］ を用いるのが有効である。

正解 ②止水板

解説

地下躯体のように、常に水に接しているような部分の打継ぎには、**止水板を使用**して漏水に備えます。

問 床コンクリートの打設終了の直後から行う床の仕上げは、一般に、最初に ［①レベル出し、②荒均し］ を行う。

正解 ②荒均し

解説

床コンクリートの打設終了の直後から行う床の仕上げでは、通常、**荒均し**を行い、最終的に床の表面仕上げの種類に応じて、木ごてや金ごてで仕上げます。レベル出しは、床コンクリートの高さを示すもので、床コンクリートの打設前に行います。

問 床コンクリートの打設終了の直後から行う床の仕上げでは、一般に、最終的な仕上げとして［①金ごて仕上げ、②不陸調整］を行う。

正解 ①金ごて仕上げ

解説

床コンクリートの打設終了の直後から行う床の仕上げでは、通常、最終的に床の表面仕上げの種類に応じて、**木ごて**や**金ごて**で仕上げます。不陸調整は、床コンクリートの仕上げにおいて平面精度を高めるために重要ですが、床の最終的な仕上げの前に行います。

問 タンピングは、凝結の終了［①前、②後］に行う。

正解 ①前

解説

タンピングとは、コンクリート表面に沈下ひび割れが生じたときなどに、表面をタンパーで叩き、コンクリートに振動を与えてひび割れを消し、締め固めることです。タンピングは、コンクリートの流動性が失われる前（**凝結終了前**）に行います。

問 金ごてによる仕上げは、ブリーディングの終了［①前、②後］から行う。

正解 ②後

解説

金ごてによるコンクリート表面の仕上げは、**ブリーディングの終了後**、表面の水が減少し始めた頃から行います。金ごてで仕上げることで、コンクリート表面を平らにするだけでなく、緻密にします。

問 金ごてで仕上げた面は、送風機などを用いて乾燥 ［①させるのがよい、②させてはならない］。

正解 ②させてはならない

解説

硬化する前のコンクリート表面を乾燥させると、ひび割れを生じてしまうので、**乾燥させないようにします**。

問 コンクリート打込み後、初期強度の伸びは、養生温度が高いと［①大きく、②小さく］なる。

正解 ①大きく

解説

養生温度が高いと、初期強度の伸びは**大きく**なりますが、長期強度の伸びは**小さく**なります。

問 膜養生剤を使用した養生は、コンクリートの表面に薬剤を散布して皮膜を形成させ、［①水分の逸散を防ぐ、②温度の上昇を防ぐ］養生方法である。

正解 ①水分の逸散を防ぐ

解説

膜養生剤を使用した養生は、**水分の急激な減少（逸散）**を防ぐことを目的とする養生方法です。

第**5**章 コンクリート構造の施工

3. コンクリート工事　189

問 初期凍害を受けたコンクリートは、その後の適切な養生による品質の確保が［①可能、②不可能］である。

正解 ②不可能

解説

いったん、初期凍害を受けたコンクリートは、その後にいくら適切な養生を行ったとしても、**本来の品質に回復することはありません**。

問 JASS 5 では、計画共用期間の級が標準の場合、普通ポルトランドセメントを用いたコンクリートの湿潤養生の期間を［①3日以上、②5日以上］と規定している。

正解 ②5日以上

解説

JASS 5 では、普通ポルトランドセメントを用いたコンクリートの湿潤養生の期間を、計画供用期間の級が短期および標準の場合は5日以上、長期および超長期の場合は7日以上と規定しています。

問 JASS 5 では、コンクリートの圧縮強度が所定の値に達すれば、［①セメントの種類により、②セメントの種類によらず］湿潤養生を打ち切ることができるとしている。

正解 ①セメントの種類により

解説

JASS5では、早強、普通、中庸熱ポルトランドセメントを使用したコンクリートについて、コンクリートの圧縮強度が所定の値以上に達したことを確認することで、湿潤養生を打ち切ることができるとしています。

問 土木学会示方書では、普通ポルトランドセメントを用いたコンクリートの湿潤養生の期間を、日平均気温が5℃以上10℃未満の場合は［①7日、②9日］を標準としている。

正解 ②9日

解説

土木学会示方書では、普通ポルトランドセメントを使用したコンクリートの湿潤養生の期間を、日平均気温が5℃以上10℃未満の場合は**9日**、10℃以上15℃未満の場合は**7日**、15℃以上の場合は**5日**を標準とするとしています。

問 土木学会示方書によれば、混合セメントB種を用いた場合の湿潤養生期間は、セメントに混合する混合材の［①種類によらず同じ、②種類により異なる］としている。

正解 ①種類によらず同じ

解説

土木学会示方書では、湿潤養生の期間を早強、普通ポルトランドセメントおよび混合セメントB種の3種類について規定しており、**セメントに混合する混合材の種類による規定は行っていません**。

第 6 章

各種コンクリートおよびコンクリート二次製品

コンクリート工事では、施工の条件が通常とは異なる特殊な場合には、それぞれの条件に応じて様々な種類のコンクリートによる工事が行われます。また、工期の短縮や施工の効率化などには、工場で製造されるコンクリート二次製品の使用が効果的です。

この章では、各種コンクリートの施工方法や品質管理事項と、コンクリート二次製品の製造方法について学びます。

マスターしたいポイント！

1 各種コンクリート

- ☐ 暑中コンクリート、寒中コンクリートの特徴と規定
- ☐ 流動化コンクリート、高流動コンクリートの特徴と規定
- ☐ マスコンクリートと温度ひび割れ
- ☐ プレストレストコンクリートの原理と特徴
- ☐ 軽量コンクリート、高強度コンクリートの特徴
- ☐ 水中コンクリートの種類と規定
- ☐ 海水の作用を受けるコンクリート（海洋コンクリート）の耐久性
- ☐ 舗装コンクリートに関する規定

2 コンクリート二次製品

- ☐ コンクリート二次製品の成形・締固め方法の種類と特徴
- ☐ コンクリート二次製品の養生の種類と特徴

Section 1 ▶ 各種コンクリート

╡ 学習のポイント ╞

各種コンクリートの特徴や施工方法、品質を確保するための規定について理解する。

コンクリート工事では、施工の条件などに応じて、様々なコンクリートによる工事が行われます。

ここでは、各種コンクリートの特徴や施工方法を学ぶとともに、品質を確保するための規定について学びます。

寒中コンクリート　　　　　重要度 ★★★

寒中コンクリートは、日平均気温4℃以下の、初期凍害を生じるおそれのある時期に打込みを行う場合に採用されるコンクリートです。**低温による初期凍害と強度発現の遅延を防止することが重要です。**

コンクリートの温度が低くなりすぎないように、寒中コンクリートにはJASS5や土木学会示方書などに規定があります。主な規定は、次のとおりです。

●所定の空気量を確保し、凍害を防止する

コンクリートに連行される微小な球形の空気泡は、コンクリートの施工性を向上させるとともに、耐凍害性を増加させます。寒中コンクリートでは、初期凍害や凍結融解による劣化を防止するために、所定の空気量を確保することが重要です。JASS5では、**4.5〜5.5％を標準の空気量**としています。ただし、空気量が多すぎると強度低下も大きくなるので、6％は超えないようにします。

●材料の加熱は、水を加熱することを標準とし、セメントは加熱してはならない

セメントは一様に加熱することが難しく、また、加熱された部分の凝結が進んでしまう可能性があります。セメントの加熱は禁止され、水の加熱が標準とされています。

●**骨材は直接火で加熱しない**

部分的な加熱となりやすいことから、骨材は直接火で加熱しないこととされています。

●**材料を加熱した場合、ミキサ内の骨材および水の温度は40℃以下とし、荷卸し時のコンクリート温度は10〜20℃の範囲を確保する**

材料の温度が高すぎると、セメントの急な凝結によって、コンクリートの流動性が急激に失われるおそれがあります。

●**保温養生は、初期凍害を受けないようにコンクリート打込み直後から行う**

打込み直後のコンクリートが初期凍害を受けないように、保温養生（加熱養生、断熱養生、被覆養生）を行います。

●**初期養生期間中は、コンクリートの温度が5℃以上となるようにする**

初期凍害を生じない強度に達するまで、コンクリート温度を5℃以上に保ちます。

●**初期凍害を防ぐのに必要なコンクリート圧縮強度は、型枠の取外し直後にコンクリート表面が水で飽和される頻度が高い場合の方が、低い場合に比べて大きくなる**

コンクリート表面が水で飽和される頻度が高いと、初期凍害を生じやすくなります。**コンクリート表面が水で飽和される頻度が高い場合は、初期凍害を防ぐのに必要なコンクリート圧縮強度が高くなり、それに伴って必要な養生期間も長くなります。**

●**初期養生の期間は、打込まれたコンクリートの圧縮強度で5.0N/mm²が得られるまでとする**

JASS5では、所定の空気量を含むコンクリートについては、**5.0N/mm²の圧縮強度が得られれば、初期凍害を受けるおそれがなくなる**として、初期養生期間をこの強度が得られるまでとしています。

暑中コンクリート

暑中コンクリートは、日平均気温25℃以上の、コンクリートが気温の高さや日射の影響によって、品質低下を生じるおそれのある時期に打込みを行う場合に採用されるコンクリートです。

暑中に打込まれるコンクリートでは、スランプや空気量の低下、**コールドジョイントやプラスティックひび割れの発生**、長期材齢における強度増進の減少など、高温による様々な不具合が生じやすくなります。暑中コンクリートでは、これらのようなコンクリートの**強度や耐久性の低下の原因となる現象を防止することが重要です。**

暑中コンクリートの施工では、次のことなどに留意します。

●受け入れ時のコンクリート温度は、35℃以下を原則とする

コンクリート温度が高いほど、所定のスランプや空気量が得にくくなるなど、問題が生じやすくなります。JASS5では、受け入れ時のコンクリート温度は、35℃以下を原則とすることを規定しています。

●コンクリートの打ち重ね時間を、通常のコンクリート打込み時期よりも短くする

暑中に打込まれるコンクリートは、コールドジョイントが通常のコンクリート打込み時期よりも発生しやすくなります。暑中コンクリートの施工では、コールドジョイントを防止するため、コンクリートの打ち重ね時間をできるだけ短くします。

●材料の温度が高くならないようにする

セメントの温度が8℃、または、**骨材の温度が2℃**、もしくは、**水の温度が4℃**高くなると、**コンクリートの温度が約1℃高くなります。**コンクリートの温度が高くならないようにするために、**セメントを温度が高くならないように保存する、骨材や水を冷やす**といった対策は有効です。

ただし、**打込み前の練り混ぜたコンクリートに水や氷を加えるのは、コンクリートの強度や耐久性を低下させる原因となるので、行ってはなりませ**

ん。

● **打込み前にせき板や打継ぎ面には散水などを行い、湿潤状態にする**

コンクリート打込み時にせき板や打継ぎ面が乾燥していると、コンクリートの水分が吸収され、コンクリートの水和が阻害_{がい}されてしまいます。これを防止するため、せき板や打継ぎ面に散水や水の噴霧を行い、水がたまらない程度に湿潤状態にします。

流動化コンクリート　　　　　　重要度 ★★★

コンクリート運搬後の荷卸し地点などで、**後から流動化剤を添加して流動性を高めたコンクリート**を、流動化コンクリートといいます。**単位水量を変えずに、コンクリートのスランプをより大きなものにすることができます。**

流動化コンクリートの品質は、ベースコンクリートの性状に大きく左右されます。**ベースコンクリートとは、流動化剤を添加する前の、基になる（ベースになる）コンクリート**です。流動化コンクリートの大きな利点は、同じスランプの一般のコンクリートよりも単位水量を小さくできることです。

また、**流動化剤添加前のベースコンクリート**と、添加後の流動化コンクリートでは、空気量が同じであれば、**圧縮強度にほとんど差がないこと**が、多くの実験から確認されています。

流動化コンクリートでは、次のことなどに留意します。

● **流動化コンクリートは、同じスランプの一般のコンクリートに比べ、時間の経過に伴うスランプの低下が大きい**

流動化コンクリートは、同じスランプの一般のコンクリートに比べるとスランプの経時変化が大きいことから、**20分から30分以内を目安に、できるだけ早く打込みを完了**させます。

● **流動化コンクリートの細骨材率は、少し高めに設定する**

流動化コンクリートには、同一スランプの一般のコンクリートに比べて、セメントペーストの量が少なくなるという特徴があります。セメントペー

ストの量が少なくなると、材料分離しやすくなるので、ベースコンクリートの細骨材率を少し高めに設定します。

●ベースコンクリートからのスランプの増大量は、10cm程度以下とする

流動化によってスランプの増大量が過大になると、ワーカビリティーの確保が困難になり、品質の低下をまねくおそれがあります。

高流動コンクリート 重要度 ★★★

材料分離に対する抵抗性を損なわずに、流動性を非常に高めたコンクリートを総称して、高流動コンクリートといいます。流動性が非常に高いので、軽微な振動による締固め、または、振動による締固めを行わなくても、型枠内に充填<ruby>填<rt>てん</rt></ruby>できるのが特徴です。

高流動コンクリートは、材料分離に対する抵抗性を確保するための粉体系の材料と、混和剤の組合せによって、**粉体系、増粘剤系、併用系**などに**分類**されます。

高流動コンクリートでは、次のことなどに留意します。

●高流動コンクリートは、一般のコンクリートに比べて、型枠に作用する側圧が大きくなる

型枠に作用する側圧は、コンクリートの流動性が高いほど大きくなります。流動性の非常に高い高流動コンクリートは、一般のコンクリートに比べ、型枠に作用する側圧が大きくなります。また、高流動コンクリートは**凝結時間が遅くなる傾向にあり、これも型枠に作用する側圧を大きくする一因**です。

高流動コンクリートを使用する**型枠については、安全のため、型枠に作用する側圧を液圧（水による圧力）と考えて設計します。**

●圧送時の管内圧力損失が、一般のコンクリートよりも大きくなる

高流動コンクリートは、流動し始めた後の粘度が大きくなり、圧送の負荷が増加します。

マスコンクリート

重要度 ★★★

　部材断面の寸法が大きいコンクリートで、セメントと水の水和反応に伴って生じる**水和熱による温度上昇が原因**となり、**有害なひび割れの生じる可能性のある部分のコンクリート**を、マスコンクリートといいます。

　断面寸法の大きいコンクリートは、内部の水和熱が外部に放出されるのに時間がかかり、蓄積されて内部温度が上昇します。この**水和熱の温度上昇が原因で生じるひび割れ**を、**温度ひび割れ**といいます。マスコンクリートで最も問題となるのが、この温度ひび割れです。

　温度ひび割れには、**内部拘束による温度ひび割れ**と**外部拘束による温度ひび割れ**があります。

（1）内部拘束による温度ひび割れ

　コンクリートは、温度の上昇によって膨張します。断面寸法の大きいマスコンクリートは、水和による温度の上昇時には、中心に近い部分ほど温度が高く、表面に近い部分ほど温度が低くなります。すると、中心に近い部分と表面に近い部分とでは膨張量に差が生じることになり、温度の上昇時には、**表面に近い部分が中心に近い部分に引っ張られてひび割れが生じます**。この、**内部の温度が上昇する際に生じやすい温度ひび割れ**が、**内部拘束による温度ひび割れ**です。

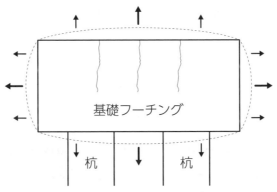

図6.1　内部拘束による温度ひび割れの模式図（杭基礎のフーチング）

(2) 外部拘束による温度ひび割れ

　コンクリートは、温度の降下によって収縮します。コンクリート部材が収縮する際に、その周囲を拘束するものがまったくなければ、コンクリート部材は全体的に縮むことになり、ひび割れは生じません。これに対し、部材の周囲を拘束されると、その**拘束が縮もうとする部材を引っ張ることになり、ひび割れを生じます**。この、**内部の温度が降下する際に生じやすい温度ひび割れ**が、外部拘束による温度ひび割れです。

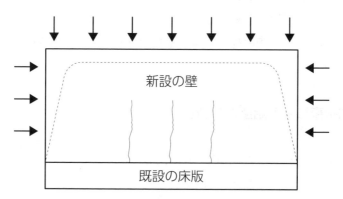

図6.2　外部拘束による温度ひび割れの模式図（下部を床版で拘束された厚い壁）

　温度ひび割れの根本の原因は、セメントの水和による発熱です。**単位セメント量を少なくする、セメントの種類を発熱性の低いものにする、温度応力（引張応力）を小さくする、打込みの温度を低くする**などにより、温度ひび割れを低減することができます。

　マスコンクリートの温度ひび割れを抑制する具体的な対策として、次の方法などがあります。

●**粗骨材の最大寸法を大きくして、単位セメント量を少なくする**
　粗骨材の最大寸法が大きくなると、コンクリート中の骨材の表面積が小さくなるので、必要なセメント量を少なくできます。

● **フライアッシュセメントや高炉セメントを用いて、単位セメント量を少なくする**

フライアッシュの分量を質量比で10％を超え〜20％以下とする**フライアッシュセメントB種**や、高炉スラグの分量を質量比で30％を超え〜60％以下とする**高炉セメントB種**など、セメントの多くをフライアッシュや高炉スラグに置き換えたセメントは、発熱量を低減することができます。

● **高性能AE減水剤を用いて、単位セメント量を少なくする**

高性能AE減水剤は、高いスランプ保持機能があり、単位水量と単位セメント量を少なくすることができます。

● **発熱性の低い中庸熱、低熱ポルトランドセメントを使用する**

組成化合物のうち、発熱と収縮が大きいC_3S（けい酸三カルシウム）とC_3A（アルミン酸三カルシウム）を少なくし、発熱と収縮が小さいC_2Sを多くした中庸熱ポルトランドセメントや低熱ポルトランドセメントは、水和熱の低い、低発熱性のセメントです。

● **膨張材を使用して、温度応力（引張応力）を小さくする**

ひび割れは、引張応力によって生じます。膨張材を混和して、コンクリート硬化時にコンクリートの体積を膨張させて生じる圧縮力によって、ひび割れを発生させる温度応力（引張応力）を小さくできます。

● **熱膨張係数の小さい骨材を使用して、温度応力（引張応力）を小さくする**

熱膨張係数の小さい骨材を使用することで、発熱によるコンクリートの体積変化が小さくなり、ひび割れを発生させる温度応力（引張応力）を小さくできます。

● **コンクリートの練混ぜに冷水や氷を用いるなど、プレクーリング（コンクリート打込み前の冷却）によりコンクリート温度を下げる**

コンクリートの練り上がり温度を下げて、打込みの温度を低くします。

● **パイプクーリングやエアークーリングなど、ポストクーリング（コンクリート打込み後の冷却）によりコンクリート温度を下げる**

コンクリートの打込み開始後から、パイプに冷水を通す**パイプクーリング**などにより、打込みの温度を低くします。

プレストレストコンクリート　重要度 ★★★

　プレストレストコンクリートは、**引張力に弱いというコンクリートの欠点を補う**ために、**緊張材（PC鋼材）を用いて、部材の引張応力が生じる側にあらかじめ圧縮応力（プレストレス）を生じさせることで、曲げひび割れに対する耐力を向上させたコンクリート**です。あらかじめ圧縮応力を生じさせることで、部材に生じる引張応力を低減することができます。

　圧縮応力（プレストレス）のコンクリートへの導入は、コンクリート内に設置したPC鋼材を両側から引っ張って緊張させた状態（緊張力を加えた状態）で、コンクリートに定着させます。すると、両側から引っ張られたPC鋼材には縮もうとする力（圧縮応力）が生じ、同時にPC鋼材の定着しているコンクリートにも圧縮応力が生じることになります。このようにして、コンクリートに圧縮応力（プレストレス）を導入します。

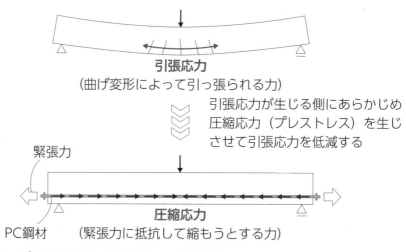

図6.3　プレストレストコンクリートの概念図

　プレストレストコンクリートには、あらかじめ圧縮力が加えられることから、通常、**比較的高い強度（設計基準強度が35～50N/mm²程度）のコンクリートが使用**されます。また、緊張材として用いられる**PC鋼材**は、一般的な鋼材

よりも降伏強度の高い鋼材です。

　プレストレストコンクリートには、主に次のような特徴があります。

●**曲げひび割れ発生荷重が大きくなる**

　曲げひび割れが発生し始める荷重を、**曲げひび割れ発生荷重**といいます。
プレストレスの導入によって、曲げひび割れ発生荷重が大きくなり、通常
の鉄筋コンクリート部材に比べて曲げひび割れが発生しにくくなります。

●一般の鉄筋コンクリート部材に比べて、**大スパン構造に適している**

　**プレストレストコンクリート部材は、一般の鉄筋コンクリート部材に比べ
てたわみにくく**、梁や桁などの横架材に使用する場合、支点間距離の長い、
大スパン構造に適しています。

●プレストレスの導入によって曲げひび割れは低減するが、**曲げ降伏耐力は
変わらない**

　プレストレスの導入によって、曲げ変形を抑制してひび割れを低減します
が、**部材自体の降伏耐力や終局耐力は大きくなるわけではなく、ほとんど
変わりません。**

●**PC鋼材のリラクセーションによって、プレストレスは減少する**

　プレストレスの導入に使用しているPC鋼材には、**時間の経過とともに緊
張力が減少する、リラクセーションという現象**が生じます。リラクセー
ションが生じると、コンクリート部材に導入された圧縮応力（プレストレ
ス）も減少します。

●**コンクリートのクリープや乾燥収縮によって、プレストレスは減少する**

　時間の経過とともにひずみが増大する現象を、**クリープ**といいます。時間
の経過によってコンクリートにクリープや乾燥収縮が生じると、プレスト
レスが減少します。

　プレストレストコンクリートには、**プレストレスの導入方法により、プレテ
ンション方式とポストテンション方式**があります。

　プレテンション方式は、鋼製の枠の中に型枠と鉄筋を設置したうえで、型枠

の中にPC鋼材を通し、このPC鋼材に引張力を加えた状態でコンクリートを打設します。コンクリートの硬化後、PC鋼材を切断などすることで、PC鋼材を縮ませて、**PC鋼材（緊張材）とコンクリートとの付着力によって、コンクリートにプレストレス力を導入**します。PC鋼材に、あらかじめ（プレ）引張力（テンション）を加える方式です。プレテンション方式は、**プレキャストコンクリート（PC）工場で、同一種類の部材を大量に生産する際に用いられることの多い方式**です。

　ポストテンション方式は、型枠内に鉄筋とともにシース（PC鋼材を通す筒状の材料）を設置し、**PC鋼材を定着具によって定着**させてコンクリートを打設します。コンクリートの硬化後、シース内のPC鋼材をジャッキで引っ張ることで、コンクリートにプレストレス力を導入します。コンクリートの硬化を待って、後から（ポスト）引張力（テンション）を加える方式です。ポストテンション方式は、工場での製造に加え、**現場でのプレストレス導入にも多く用いられます**。

　また、プレテンション方式やポストテンション方式によって、**コンクリート部材の内部にPC鋼材を配置するプレストレストコンクリートを内ケーブル方式、コンクリート部材断面の外側にPC鋼材を配置するプレストレストコンクリートを外ケーブル方式**といいます。

軽量コンクリート 　　　　　　　　重要度 ★★★

　普通コンクリートに比べて単位容積質量の小さいコンクリートを、軽量コンクリートといいます。軽量コンクリートには、密度の小さい骨材を用いた**軽量骨材コンクリート**と、粗骨材を使用せずに多量の気泡を混入させた**気泡コンクリート**があります。

　軽量骨材は、一般の骨材に比べて強度やヤング係数が小さいことから、軽量骨材コンクリートの強度やヤング係数（静弾性係数）も一般のコンクリートに比べて、小さくなります。**圧送に際しては閉塞を防止するために、事前に軽量骨材に吸水させるプレウェッティングを行います。また、軽量骨材のアルカリ**

シリカ反応性の有無については、過去の使用実績または、その軽量骨材を用いたコンクリートによるコンクリートバー法で評価します。

　なお、軽量骨材とは逆に、赤鉄鉱や磁鉄鉱などの密度の大きい骨材を使用したコンクリートを、重量コンクリートといいます。重量コンクリートには、一般のコンクリートに比べて、X線やγ（ガンマ）線などの放射能を遮蔽する性能が高いという特徴があります。

高強度コンクリート　　　　　　　重要度 ★ ★ ★

　高強度コンクリートは、規模が大きく重量の大きいコンクリート構造物の柱や、プレストレストコンクリート部材など、高い圧縮力の作用するコンクリート構造物に用いられるコンクリートです。

　コンクリートは、強度が高くなるほどセメント量が多くなります。高強度コンクリートのようにセメント量の多いコンクリートは、粘性が高くなって材料分離を生じにくくなります。その反面、水和による発熱量が多くなり、コンクリートの温度上昇量も大きくなります。また、粘性の高さから、流動性や充填性が低下し、圧送負荷が増大するなど、ワーカビリティーが損なわれます。そこで、高強度コンクリートでは、高性能AE減水剤などの使用により、ワーカビリティーを確保します。

水中コンクリート　　　　　　　　重要度 ★ ★ ★

　水中コンクリートには、種類と施工方法により、一般の水中コンクリートと水中不分離性コンクリート、場所打ちコンクリート杭や地下連続壁に用いる水中コンクリートがあります。

（1）一般の水中コンクリート

　土木学会示方書では、一般の水中コンクリートについて次のように規定しています。

●打込みの目標スランプを、トレミー管やコンクリートポンプを用いる場合は13〜18cm、底開き箱などを用いる場合は10〜15cmの範囲を標準とする

水中コンクリートは締固めができないので、適度な流動性の必要性を考慮して、目標スランプが規定されています。

●水セメント比は、50%以下を標準とする

水中コンクリートは、水中に打込む際に強度が低下するおそれがあることから、セメント量の多い配合にします。

●コンクリートは、静水中に打込む

セメントの流失や水質汚濁(お だく)を防ぐために、水を静止させた状態で打込みます。

●トレミー管による打込みでは、既に打込んだコンクリート中にその先端を挿入しておく

コンクリートは、水中落下をさせると材料分離を生じるので、水がトレミー管内に入らないように、既に打込んだコンクリート中にトレミー管の先端が常に入った状態で打込みます。

（2）水中不分離性コンクリート

水中不分離性コンクリートは、水中不分離性混和材などの使用によって、水中にそのまま落下させても材料分離を生じにくくしたコンクリートです。

水中不分離性コンクリートには、次のような特徴があります。

- 水中では締固めができないので、流動性確保のため、**単位水量が多くなる**
- 材料分離に対する抵抗性が高いので、**ブリーディング量が少ない**
- 水中不分離性混和材の影響で、**凝結時間が長くなる**
- 水中不分離性混和材の影響でエントレインドエアが連行されにくくなり、**耐凍害性が低くなる**
- 粘性が非常に高いので、**コンクリートの圧送負荷が一般のコンクリートの2倍から3倍になる**

（3）場所打ちコンクリート杭や地下連続壁に用いる水中コンクリート

　トレミー管を用いて、水中や安定液中に打込まれるコンクリートです。安定液は、杭孔の掘削の際、孔壁の崩壊防止を目的として使用する水や、水にベントナイトなどを混合した液体です。

　土木学会示方書では、場所打ちコンクリート杭や地下連続壁に用いる水中コンクリートについて、次のように規定しています。

●打込みの目標スランプは18～21cmを標準とする

　トレミー管による打込みは締固めができないので、適度な流動性の必要性を考慮して、目標スランプが規定されています。

●水セメント比は、55%以下を標準とする

　安定液などの混入による強度低下などを考慮して、セメント量の多い配合にします。

海水の作用を受けるコンクリート（海洋コンクリート）　重要度 ★★★

　海水や海水滴、飛来塩分に含まれている塩化物イオンの作用を受けるコンクリートを、海水の作用を受けるコンクリート、または、海洋コンクリートといいます。海水の作用を受けるコンクリートは、塩化物イオンの作用によって鉄筋が腐食しないようにする必要があります。

　海水の作用による劣化（鉄筋の腐食）の度合いは、コンクリート構造物の部位が、海水面からどれくらいの距離にあるのかによって異なります。海水の作用による劣化の環境は、一般に、海水面からの距離により、海上大気中、飛沫帯、干満帯、海中の四つに区分して表します。区分は、海面を境に大きく大気中と海中に分かれます。大気中のうち、波によって常に海水の飛沫を浴びる部分を飛沫帯、飛沫帯より上の部分を海上大気中といいます。そして、飛沫帯の下にあり、潮の満ち引きにより浸水と露出を繰り返す部分を干満帯といい、干潮面から下の部分が海中です。

劣化（鉄筋の腐食）の度合いは、**飛沫帯と干満帯が最も高く、次いで海上大気中、最も低いのが海中**です。飛沫帯は海水飛沫（波しぶき）を常に浴び、干満帯は潮の満ち引きによって乾燥と湿潤を繰り返す、構造物にとって最も厳しい環境にあります。海上大気中は塩分を含んだ風（潮風）を常に受ける、構造物にとって厳しい環境です。海中は常に海水に接しますが、腐食の要因の一つである酸素が少ないことから、他の部分に比べると腐食の速度は緩やかです。

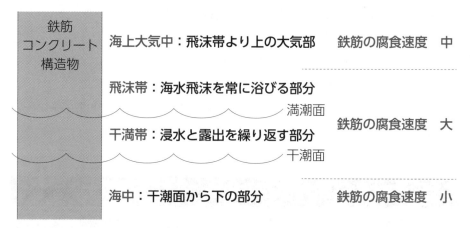

図6.4　海水の作用による劣化環境の区分と鉄筋の腐食速度との関係

　海水の作用によるコンクリート構造物の劣化現象には、**コンクリート中の鋼材腐食とコンクリートの体積膨張によるひび割れ**があります。

　コンクリート中の**鋼材腐食**は、海水に含まれる**塩化物イオン**がコンクリートの表面から内部に侵入することで生じます。塩化物イオンを含む**塩化ナトリウム**は、**鉄筋を腐食**させます。

　また、塩化物イオンを含む**塩化マグネシウム**は、コンクリート中の$Ca(OH)_2$（水酸化カルシウム）と反応して水溶性の塩化カルシウムを形成し、**組織を多孔質化してコンクリートを劣化**させます。

　コンクリートの**体積膨張**は、セメントに含まれるC_3A（アルミン酸三カルシウム）と海水に含まれる**硫酸塩が反応してエトリンガイトが生成**されることで生じ、この**体積膨張によって、コンクリートにひび割れが発生**します。

海水の作用を受けるコンクリートの劣化対策として、コンクリートの化学的抵抗性の向上があります。コンクリートの化学的抵抗性を向上させるには、C_3Aの含有量が少ないセメント、または、$Ca(OH)_2$（水酸化カルシウム）の生成量の少ないセメントの使用が有効です。

C_3Aの含有量が少ないセメントとしては、**中庸熱ポルトランドセメント**や**低熱ポルトランドセメント**があります。

$Ca(OH)_2$の生成量の少ないセメントとしては、**高炉セメント**や**フライアッシュセメント**があります。

ただし、C_3Aの含有量が少ないセメントは、コンクリートの耐硫酸性は向上させますが、**鉄筋の腐食については不利**になる場合があるので、注意が必要です。

舗装コンクリート　重要度 ★★★

道路の舗装に用いる舗装コンクリートは、多くの車両が通行することから、一般のコンクリートに比べてスランプが小さく、高い曲げ強度やコンクリート表面のすりへりに対する耐力が求められるコンクリートです。

舗装コンクリートは、その**厚さに対して面積が大きい、板状の部材**として使用されます。板状の部材の上を重量の大きい車両が通行するので、**舗装コンクリートには、主に曲げ応力が生じます**。

舗装コンクリートの**強度管理**には、**材齢28日における曲げ強度**を用います。

舗装コンクリートの**養生期間**は、一般に、**所定の強度が得られるまで**とします。**試験により養生期間を定める場合**は、現場養生を行った供試体の曲げ強度が配合強度の7割以上となるまでとします。**試験によらないで定める場合**は、**早強ポルトランドセメント**を使用した場合は7日間、**普通ポルトランドセメント**を使用した場合は14日間とします。

舗装コンクリートについては、JIS A 5308（レディーミクストコンクリート）において、次のことなどが規定されています。

• **粗骨材の最大寸法**は、**20mm、25mm、40mmとする**

- 呼び強度を「曲げ4.5」（曲げ強度4.5N/mm^2）とする
- スランプは、2.5cmまたは6.5cmとする
- ダンプトラックでの運搬はスランプ2.5cmのコンクリートに限られ、運搬時間は練混ぜを開始してから1時間以内とする
  （スランプ6.5cmのコンクリートはトラックアジテータで運搬し、運搬時間は練混ぜを開始してから1.5時間以内とする）
- 粗骨材は、すりへり減量（摩擦や衝撃による骨材のすりへり損失量）が35%以下のものとする
- 細骨材は、表面がすりへり作用を受けるものについては、微粒分量（骨材に含まれる微粉末の量）が5.0%以下のものとする

問 寒中コンクリートにおいて、材料を加熱する場合は、[①セメント、②水]の加熱を標準とする。

正解 ②水

解説

材料の加熱は、**水**を加熱することを標準とし、**セメント**は加熱してはならないことが規定されています。

問 寒中コンクリートでは、材料を加熱した場合、ミキサ内の骨材および水の温度は[①40℃以上、②40℃以下]とする。

正解 ②40℃以下

解説

セメントの急な凝結を防ぐため、ミキサ内の骨材および水の温度は**40℃以下**とします。

問 寒中コンクリートでは、空気量が4.5%を[①上回らない、②下回らない]ようにする。

正解 ②下回らない

解説

JASS5では、寒中コンクリートの空気量を**4.5〜5.5%**としています。

問 寒中コンクリートの荷卸し時のコンクリート温度は、[①10℃から20℃、②20℃から30℃]の範囲とする。

正解 ①10℃から20℃

解説

JASS5では、寒中コンクリートの荷卸し時のコンクリート温度を**10℃から20℃**の範囲

としています。

問 暑中コンクリートの受け入れ時の温度は、[①35℃、②45℃]以下とする。

正解 ①35℃

解説

JASS5では、受け入れ時のコンクリート温度は、**35℃**以下を原則とすることを規定しています。

問 暑中コンクリートにおいて、コンクリート温度を1℃程度下げるには、練混ぜ水の温度を約[①2℃、②4℃]下げる必要がある。

正解 ②4℃

解説

暑中コンクリートでは、コンクリート温度を下げるための骨材や水を冷やすといった対策は有効です。コンクリート温度を1℃程度下げるには、練混ぜ水の温度を約**4℃**下げる必要があります。

問 暑中コンクリートで、プラスティック収縮ひび割れの発生を防ぐため、[①直射日光を防ぐ、②冷風を当てる]のは有効である。

正解 ①直射日光を防ぐ

解説

プラスティック収縮ひび割れとは、コンクリートがまだ固まる前のやわらかい状態（プラスティック）の時に、コンクリート表面が急激に乾燥することで生じるひび割れです。プラスティック収縮ひび割れの対策として、**直射日光を防ぐ**のは有効です。

問 流動化コンクリートは、同じスランプの一般のコンクリートよりも、時間の経過に伴うスランプの低下が［①大きく、②小さく］なる。

正解 ①大きく

解説

流動化コンクリートは、同じスランプの一般のコンクリートに比べるとスランプの経時変化が**大きく**、できるだけ早く打込む必要があります。

問 流動化コンクリートは、ベースコンクリートの細骨材率を［①高め、②低め］に設定する。

正解 ①高め

解説

流動化コンクリートは、同一スランプの一般のコンクリートに比べると材料分離しやすいので、ベースコンクリートの細骨材率を少し**高め**に設定します。

問 高流動コンクリートは、一般のコンクリートに比べると、型枠に作用する側圧が［①小さく、②大きく］なる。

正解 ②大きく

解説

流動性の非常に高い高流動コンクリートは、一般のコンクリートに比べ、型枠に作用する側圧が**大きく**なります。

問 高流動コンクリートは、一般のコンクリートに比べると、圧送時の管内圧力損失が［①小さく、②大きく］なる。

正解 ②大きく

解説 ────────────────────────────────

高流動コンクリートは、流動し始めた後の粘度が大きくなり、圧送の負荷が**大きく**なります。

問 マスコンクリートにおいて、粗骨材の最大寸法を［①小さく、②大きく］することは、温度ひび割れの対策として有効である。

正解 ②大きく

解説 ────────────────────────────────

粗骨材の最大寸法を**大きく**すると、コンクリート中の骨材の表面積が小さくなるので、必要なセメント量を少なくでき、温度ひび割れを低減することができます。

問 マスコンクリートにおいて、フライアッシュセメント［①A種、②B種］を用いることは、温度ひび割れの対策として有効である。

正解 ②B種

解説 ────────────────────────────────

フライアッシュの分量を質量比で10％を超え～20％以下とするフライアッシュセメントB種のように、セメントの多くをフライアッシュに置き換えたセメントは、発熱量を低減することができます。

問 マスコンクリートにおいて、熱膨張係数の［①小さい、②大きい］骨材を使用することは、温度ひび割れの対策として有効である。

正解 ①小さい

解説 ────────────────────────────────

熱膨張係数の**小さい**骨材を使用することは、発熱によるコンクリートの体積変化を抑制できるので、温度ひび割れの対策として有効です。

問 マスコンクリートにおいて、コンクリートの打込み開始後から行う [①プレクーリング、②パイプクーリング] は、温度ひび割れの対策として有効である。

正解 ②パイプクーリング

解説

コンクリートの練混ぜに冷水や氷を用いるなどのプレクーリング、パイプに冷水を通すパイプクーリングのいずれも、マスコンクリートの温度ひび割れ対策として有効ですが、コンクリートの打込み開始後から行うのは、**パイプクーリング**です。

問 プレストレストコンクリートは、コンクリート部材の [①曲げひび割れ、②せん断ひび割れ] に対する耐力を向上させたコンクリートである。

正解 ①曲げひび割れ

解説

プレストレストコンクリートは、緊張材（PC鋼材）により、部材の引張応力が生じる側にあらかじめ圧縮応力（プレストレス）を生じさせることで、**曲げひび割れ**に対する耐力を向上させたコンクリートです。

問 プレストレストコンクリートに用いるPC鋼材は、一般的な鋼材よりも降伏点が [①高い、②低い] 鋼材である。

正解 ①高い

解説

プレストレストコンクリートに緊張材として用いられるPC鋼材は、一般的な鋼材よりも降伏点（降伏強度）の高い鋼材です。

問 プレストレストコンクリートは、一般の鉄筋コンクリートに比べ、曲げひび割れ発生荷重が [①小さく、②大きく]、曲げひび割れが発生しにくい。

正解 ②大きく

解説

プレストレストコンクリートは、曲げひび割れが発生し始める荷重である曲げひび割れ発生荷重が**大きく**、一般の鉄筋コンクリートに比べて、曲げひび割れが発生しにくいコンクリートです。

問 プレストレスの導入によって、鉄筋コンクリート部材の曲げ降伏耐力は [①大きくなる、②変わらない]。

正解 ②変わらない

解説

プレストレスの導入は、鉄筋コンクリート部材の曲げ変形を抑制し、ひび割れを低減しますが、部材自体の降伏耐力や終局耐力は、**ほとんど変わりません**。

問 プレストレストコンクリートのプレストレスは、コンクリートのクリープや乾燥収縮によって [①増加、②減少] する。

正解 ②減少

解説

プレストレストコンクリートは、時間の経過とともにひずみが増大するクリープ現象や乾燥収縮が生じると、プレストレスが**減少**します。

問 建設現場でのプレストレス導入に用いられることが多いのは、[①プレテンション方式、②ポストテンション方式] である。

正解 ②ポストテンション方式

解説

コンクリートの硬化を待って、後から引張力を加える**ポストテンション方式**は、工場での製造に加え、現場でのプレストレス導入にも多く用いられます。プレテンション方式は、PC工場で同一種類のプレストレストコンクリート部材を大量に生産する際に用いられることが多い方式です。

問 軽量骨材コンクリートの強度やヤング係数の大きさは、一般のコンクリートに比べて [①小さい、②変わらない]。

正解 ①小さい

解説

軽量骨材コンクリートに使用する軽量骨材は、一般の骨材に比べて強度やヤング係数が小さいことから、軽量骨材コンクリートの強度やヤング係数（静弾性係数）も一般のコンクリートに比べて**小さくなります**。

問 重量コンクリートの放射能を遮蔽する性能は、一般のコンクリートに比べて [①高い、②変わらない]。

正解 ①高い

解説

重量コンクリートは、密度の大きい骨材を使用したコンクリートであり、一般のコンクリートに比べて、X線やγ線などの放射能を遮蔽する性能が**高い**のが特徴です。

問 高強度コンクリートは、一般のコンクリートに比べて、水和による発熱量の［①少ない、②多い］コンクリートである。

正解 ②多い

解説

高強度コンクリートは、一般のコンクリートに比べて単位セメント量が多く、水和による発熱量が**多く**なり、コンクリートの温度上昇量が大きくなります。

問 土木学会示方書では、一般の水中コンクリートの水セメント比を［①50%、②60%］以下に規定している。

正解 ①50%

解説

水中コンクリートは、水中に打込む際に強度が低下するおそれがあることから、セメント量の多い配合にします。土木学会示方書では、水中コンクリートの水セメント比について**50%**以下を標準としています。

問 一般の水中コンクリートの水中へのトレミー管による打込みは、既に打込んだコンクリート中にその先端が常に［①入るように、②入らないように］しながら行う。

正解 ①入るように

解説

トレミー管による水中へのコンクリート打込みでは、水がトレミー管内に入らないように、既に打込んだコンクリート中にトレミー管の先端が常に**入った**状態で打込みます。

問 水中不分離性コンクリートは、ブリーディング量の［①多い、②少ない］コンクリートである。

正解 ②少ない

解説

水中不分離性コンクリートは材料分離に対する抵抗性が高いので、ブリーディング量が**少なく**なります。

問 土木学会示方書では、場所打ちコンクリート杭や地下連続壁に用いる水中コンクリートのスランプについて、［①12～15cm、②18～21cm］を標準としている。

正解 ②18～21cm

解説

場所打ちコンクリート杭や地下連続壁に用いる水中コンクリートは、トレミー管を用いて打込みます。トレミー管による打込みは締固めができないので、土木学会示方書では、目標スランプを**18～21cm**と大きめに規定しています。

問 海水の作用を受けるコンクリートにおいて、物理的な浸食や鉄筋の腐食は、［①海中部、②飛沫帯・干満帯］で生じやすい。

正解 ②飛沫帯・干満帯

解説

海水の作用を受けるコンクリートにおいて、**飛沫帯**は海水飛沫（波しぶき）を常に浴び、**干満帯**は潮の満ち引きによって乾燥と湿潤を繰り返す部分で、最も厳しい環境にあります。

一問一答要点チェック

問 海洋コンクリートにおいて、コンクリート中の鋼材腐食の原因となる海水中の塩類は、[①硫酸カリウム、②塩化ナトリウム]である。

正解 ②塩化ナトリウム

解説

海水の作用を受けるコンクリートにおいて、コンクリート中の鋼材腐食は、海水に含まれる塩化物イオンがコンクリートの表面から内部に侵入することで生じます。塩化物イオンを含んだ**塩化ナトリウム**は、鋼材腐食の原因となります。

問 海水の作用を受けるコンクリートにおいて、コンクリートの体積膨張によるひび割れの原因となる海水中の塩類は、[①硫酸マグネシウム、②塩化マグネシウム]である。

正解 ①硫酸マグネシウム

解説

海水の作用を受けるコンクリートにおいて、コンクリートの体積膨張によるひび割れは、セメント中のC_3Aと海水中の硫酸塩が反応してエトリンガイトが生成されることで生じます。硫酸塩の一種である**硫酸マグネシウム**は、コンクリートの体積膨張によるひび割れの原因となります。

問 海水中の[①硫酸マグネシウム、②塩化マグネシウム]は、コンクリート中の水酸化カルシウムと反応して水溶性の塩化カルシウムを形成し、組織を多孔質化する。

正解 ②塩化マグネシウム

解説

塩化物イオンを含む**塩化マグネシウム**は、コンクリート中の$Ca(OH)_2$（水酸化カルシウム）と反応して水溶性の塩化カルシウムを形成し、組織を多孔質化してコンクリートを劣化させます。

問 低熱ポルトランドセメントは、［①C₃A（アルミン酸三カルシウム）の含有量、②Ca(OH)₂（水酸化カルシウム）の生成量］の少ない、化学的抵抗性に優れたセメントである。

正解 ①C₃A（アルミン酸三カルシウム）の含有量

解説

低熱ポルトランドセメントや中庸熱ポルトランドセメントは、C₃Aの含有量の少ない、化学的抵抗性に優れたセメントです。C₃Aと海水に含まれる硫酸塩とが反応することによってコンクリートの体積が膨張し、ひび割れを発生させます。

問 フライアッシュセメントは、［①C₃A（アルミン酸三カルシウム）の含有量、②Ca(OH)₂（水酸化カルシウム）の生成量］の少ない、化学的抵抗性に優れたセメントである。

正解 ②Ca(OH)₂（水酸化カルシウム）の生成量

解説

フライアッシュセメントや高炉セメントは、Ca(OH)₂の生成量の少ない、化学的抵抗性に優れたセメントです。海水の塩化マグネシウムとCa(OH)₂とが反応すると、水溶性の塩化カルシウムを形成して組織を多孔質化し、コンクリートを劣化させます。

問 舗装コンクリートの呼び強度を、［①圧縮4.5、②曲げ4.5］とした。

正解 ②曲げ4.5

解説

舗装コンクリートの呼び強度は、JIS A 5308（レディーミクストコンクリート）において、「曲げ4.5」（曲げ強度4.5N/mm²）とすることが規定されています。

問 舗装コンクリートのスランプを、［①6.5cm、②8.0cm］とした。

正解 ①6.5cm

解説

舗装コンクリートのスランプは、JIS A 5308（レディーミクストコンクリート）において、2.5cmまたは**6.5cm**とすることが規定されています。

問 舗装コンクリートの粗骨材は、すりへり減量が［①35%、②45%］以下のものとした。

正解 ①35%

解説

舗装コンクリートの粗骨材は、JIS A 5308（レディーミクストコンクリート）において、すりへり減量（摩擦や衝撃による骨材のすりへり損失量）が**35%**以下のものとすることが規定されています。

問 舗装コンクリートの養生期間を試験により定める場合は、現場養生を行った供試体の曲げ強度が配合強度の［①5割、②7割］以上となるまでとする。

正解 ②7割

解説

舗装コンクリートの養生期間は、一般に、所定の強度が得られるまでとし、養生期間を試験により定める場合は、現場養生を行った供試体の曲げ強度が配合強度の**7割**以上となるまでとします。

━━ 学習のポイント ━━

コンクリート二次製品の成形・締固め方法と養生方法について、種類やそれぞれの特徴について理解する。

　コンクリート二次製品は、コンクリートを原材料として工場で製造された製品の総称です。JISにおいては、プレキャストコンクリート製品の規定があります。プレキャストコンクリート製品は、工場や工事の現場内で、製造設備を用いてあらかじめ製造されたコンクリート製品です。JISに規定されるプレキャストコンクリート製品には、コンクリート杭やコンクリートブロック、コンクリート管などがあります。

　コンクリート二次製品の品質管理は、現場打ちのコンクリート部材とは異なり、**工場で製造された実際の製品を使用した試験を行って性能を確認できるの**が特徴です。

　ここでは、コンクリート二次製品の製造方法である、成形・締固め方法、養生方法について学びます。

写真6.1　コンクリート二次製品の例

成形・締固め方法

コンクリート二次製品の製造方法には、次のものがあります。

● 振動締固め

フレッシュコンクリートを型枠に投入し、**振動を与えて締固める方法**です。U形側溝やL形擁壁などの製品に用いられます。

● 加圧締固め

フレッシュコンクリートを型枠に投入後、**ふたをして圧力を加えて締固める方法**です。鉄筋コンクリート矢板などの製品に用いられます。加圧することで、**コンクリートが脱水して水セメント比が小さくなるので、強度や耐久性が向上**します。

● 振動・加圧締固め（即時脱型）

スランプ0cmの硬練りのコンクリートを、型枠に振動をかけながら投入し、圧力と振動によって成形、その直後に脱型する方法で、即時脱型とも呼ばれます。ブロックなどの**小型製品に適した製造方法**です。

● 遠心力締固め

フレッシュコンクリートを筒状の型枠に投入して、**遠心機で型枠を回転させることで成形する方法**です。プレストレストコンクリート杭や遠心力鉄筋コンクリート管などの製品に用いられます。遠心力締固めは、**高い強度と滑らかな表面を得るのが容易な方法**です。

養生方法

コンクリート二次製品の養生方法には、次のものがあります。

● 促進養生

コンクリートの**硬化や強度の発現を促進させるために行う養生**です。促進養生には、蒸気養生や常圧蒸気養生、オートクレーブ養生などがあります。

促進養生を行った製品の強度管理は、促進養生を行った供試体を用いた試験により行います。

●蒸気養生

高温の水蒸気の中で行う促進養生で、型枠内のコンクリートを加温、加湿して**養生**する方法です。

●常圧蒸気養生

大気圧（常圧）下で行う蒸気養生です。コンクリートの打込み後、温度管理を十分に行う必要があります。

●オートクレーブ養生

オートクレーブ（高温・高圧の蒸気がま）の中で、常圧より高い圧力下で**高温の水蒸気を用いて行う蒸気養生**です。オートクレーブ養生は、**常圧蒸気養生後の二次養生**として行われます。

問 コンクリート二次製品の品質管理は、通常、[①製品と同等の供試体、②製品そのもの]を用いた試験により行う。

正解 ②製品そのもの

解説

コンクリート二次製品の品質管理は、現場打ちのコンクリート部材とは異なり、工場で製造された**実際の製品を使用した試験**を行って性能を確認できるのが特徴です。

問 即時脱型は、[①小型、②大型]のコンクリート製品に適した製造方法である。

正解 ①小型

解説

即時脱型は、スランプ0cmの硬練りのコンクリートを、圧力と振動によって成形、直後に脱型する方法で、**ブロックなどの小型製品**に適した製造方法です。

問 オートクレーブ養生は、[①常圧下、②常圧より高い圧力下]で高温の水蒸気を用いて行う蒸気養生である。

正解 ②常圧より高い圧力下

解説

オートクレーブ養生は、オートクレーブ（高温・高圧の蒸気がま）の中で、**常圧より高い圧力下**で高温の水蒸気を用いて行う蒸気養生です。

第 7 章

コンクリート構造の設計

この章では、コンクリート構造の中でも、主に鉄筋コンクリート構造の設計について解説します。鉄筋コンクリート構造は、コンクリートと鉄筋を組み合わせた一体式の構造で、一般には鉄筋コンクリート造やRC造と呼ばれています。RC造の「RC」は、Reinforced Concreteの頭文字を取ったもので、直訳すると「補強されたコンクリート」になります。つまり、鉄筋コンクリート構造とは、圧縮力には強いものの、引張力には弱く、もろい性質のコンクリートを、引張力に強く、粘り強い鉄筋によって補強した構造といえます。建物を構成する鉄筋コンクリート造の柱や梁といった主要部材には、外力によってどのような力や変形が生じるのか、そして、それらに対してどのように抵抗するのかを理解することが重要です。

マスターしたいポイント！

1 構造設計

- ☐ 構造設計に関する用語
- ☐ 荷重と外力の種類と特徴
- ☐ 構造物と支点、荷重のモデル化
- ☐ 断面力の種類（軸方向力、せん断力、曲げモーメント）と特徴

2 鉄筋コンクリート部材の構造設計

- ☐ 柱、梁部材の構造設計

3 コンクリート圧縮強度試験と応力度、ひずみ度、ヤング係数

- ☐ コンクリート圧縮強度試験の方法と規定
- ☐ 応力度、ひずみ度、ヤング係数の計算方法

4 鉄筋コンクリート造梁部材の実験

- ☐ 梁部材の降伏荷重を決める要因
- ☐ 梁部材に生じる断面力とその影響

5 鉄筋コンクリート構造物の外力によるひび割れ

- ☐ 曲げひび割れとせん断ひび割れの発生原理
- ☐ 外力によるひび割れの発生の仕方

━━●（ 学習のポイント ）●━━

構造設計に関する基本的な用語について理解する。

　構造設計は、構造計画と構造計算の大きく2段階に分けられます。構造計画
では、計画する構造物の規模や用途などに応じて、鉄骨造とするのがよいのか、
それとも鉄筋コンクリート造とするのがよいのかといった最適な構造種別の選
択や、大きな外力によって建物の特定の部分に過大な変形や損傷が集中しない
よう、強度や剛性がバランスよく分布するように形状を決定するなどします。
構造計算では、計画した**建物に働く様々な荷重**によって部材内部に生じる**断面
力（応力、内力）**を求め、柱や梁といった部材の断面寸法などを決定します。
　ここでは、構造設計を行うのに必要となる基本的な事項について学びます。

力について　　　　　　　　　　　　　重要度 ★★★

　構造物には、構造物自身の重さや使用する人・物の重さ、風、地震などと
いった様々な力が生じます。これら構造物の外側から作用する力（外力）に対
して、構造物が安全を保つように検討するのが構造設計であり、その基本とな
るのが構造力学です。
　力は、大きさと向きを持つベクトル量であり、図示する場合は矢線で表現さ
れます。力の作用している状態を表すには、次の三要素が必要です。これを**力
の三要素**と呼びます。

①大きさ：矢線の長さで表される
②向き・方向：矢線の向き・方向で表される
③作用点：力の作用する位置に表される

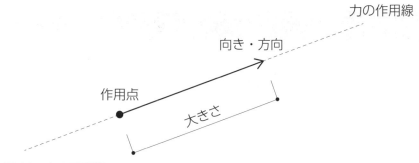

図7.1 力の三要素

　力を表す単位は、SI単位系（国際単位系）の**N（ニュートン）**が主に使用されます。1Nは、質量1kgの物体に1m/s²の加速度運動を生じさせる力（1N＝1kg・m/s²）を意味します。地球上では、重力によって物体に9.8m/s²の加速度（重力加速度）が生じるので、質量1kgの物体には1kg×9.8m/s²＝9.8Nの力が生じることになります。これは、重さ1kgの物体を支えるのに必要な力の大きさ＝9.8N（1kgの力＝約10N）と考えるとわかりやすいでしょう。

　物体に働く力は、その物体を移動させようとする働きの他に、ある点を中心に物体を回転させようとする働きも持っています。この、**物体を回転させようとする力の働きを、力のモーメント**といいます。

　力のモーメント（記号：M）は、力の大きさ（記号：P）と支点（記号：O）までの距離（記号：L）との積によって決まります。モーメントは、力（単位：N、kNなど）と距離（mm、mなど）の積なので、単位はN・mm（もしくは、Nmm）やkN・m（もしくは、kNm）などとなります。

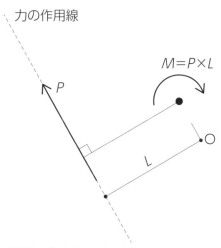

図7.2 力のモーメント

構造物について

構造物には、外力として荷重と反力が生じます。荷重には、通常、重力により鉛直方向下向きに生じる**鉛直荷重**と、風圧力や地震などの水平方向に作用する**水平荷重**が想定され、これら荷重に抵抗して、構造物の支点に**反力**が生じます。

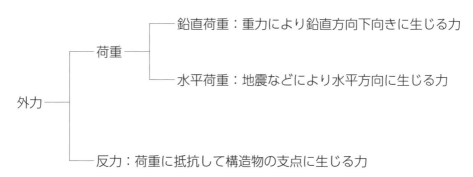

図7.3 外力の種類

構造設計では、立体である実構造物を、**平面的な1本の線にモデル化**して計算を行います。モデル化とは、対象に関して影響の大きいものだけを考えて、影響の小さいものは考えずに抽象化することです。実際には幅や高さ、奥行きを持つ柱や梁などの構造部材を、強度（強さ）と剛性（変形のしにくさ）を持ち、重さを持たず、それら部材の重心を通る1本の線（重心線）として計算します。

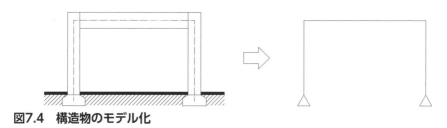

図7.4 構造物のモデル化

構造物を支える基礎のように、構造体を支える点を**支点**といいます。主な支点として、**ローラー支点**（移動端）、**ピン支点**（回転端）、**固定支点**（フィックス）があります。

ローラー支点は、部材がハサミやコンパスのように自由に回転できる接合部（ピン接合）と、ローラースケートのように支持面と平行に自由に移動できる足元（ローラー）を持ち、支持面に垂直な方向への移動が拘束されている支点です。ピン支点は、部材がピン接合され、部材は自由に回転できますが、支持面と平行の方向にも垂直の方向にも移動が拘束されている支点です。固定支点は、電柱の足元のように部材との接合部が剛に接合され、部材接合部の回転および支持面と平行・垂直方向の移動が拘束された支点です。

写真7.1　ピン支点の例

　支点に生じる反力の数は、支点の拘束の度合いによって異なります。最も拘束度の低い**ローラー支点は反力数が1**、次に拘束度の低い**ピン支点は反力数が2**、最も拘束度の高い**固定支点は反力数が3**となります。

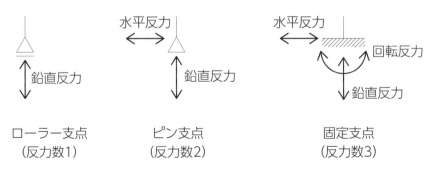

図7.5　支点のモデルと反力数

構造物は、部材や支点、接合部の構成により、梁、ラーメン、トラスなどに分類されます。

　梁には、**一端をピン支点、他端をローラー支点で支持される単純梁**や、**一端が自由（支持なし）、他端が固定支持の片持ち梁**、**両端が固定支持の両端固定梁**、**3つ以上の支点で支持される連続梁**などがあります。

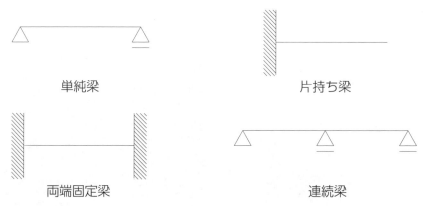

図7.6　梁の例

　ラーメンとは、柱と梁の接合部を剛に接合した構造形式のことです。ラーメンはドイツ語で、額縁や枠の意味があります。型枠の中にコンクリートを打設し、柱と梁が一体成型される鉄筋コンクリート構造は、ラーメン構造の代表例といえます。

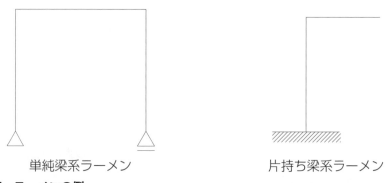

図7.7　ラーメンの例

荷重について

　構造物には、様々な**荷重**による力が**外力**として作用します。荷重には、重力によって**鉛直方向下向きに作用**する固定荷重や積載荷重、積雪荷重と、主に**水平方向に作用**する風荷重や地震荷重、土圧、水圧、その他の荷重として温度荷重や衝撃荷重などがあります。

表7.1　様々な荷重

固定荷重	構造物自身の重量（自重）であり、柱や梁、壁、床などの躯体や仕上げ材など、構造物に固定されて移動しないものの重量を足し合わせた荷重。実況に応じて計算する。
積載荷重	構造物を使用する人および机や家具など、床に載る移動可能なものの重量を足し合わせた荷重。原則、実況に応じて計算する。
積雪荷重	屋根などに降り積もった雪による荷重。建築基準法において、計算方法が定められている。
風荷重	空気の移動により生じる風圧力による荷重。建築基準法において、計算方法が定められている。
地震荷重	地震によって主に水平方向に作用する荷重。建築基準法において、計算方法が定められている。
土圧、水圧	構造物の地面から下の部分に作用する荷重。周囲の地盤中の土や地下水からの圧力が側圧（構造体の側面からの圧力）として作用する。
温度荷重	温度による部材の伸縮が原因で作用する荷重。部材が長く、大きいほど、その荷重は大きくなる。

　構造設計では、構造物に作用する荷重は力のベクトルで表現され、主に**集中荷重、等分布荷重、等変分布荷重、回転（モーメント）荷重**などがあります。

表7.2　構造物に作用する荷重

集中荷重	部材の1点に集中して作用する荷重。
等分布荷重	部材に均等に分布して作用する荷重。
等変分布荷重	大きさが一定の割合で増加または減少して作用する荷重。
回転（モーメント）荷重	部材を回転させようとする荷重。

第**7**章 コンクリート構造の設計

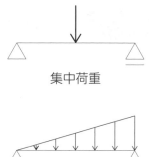
集中荷重

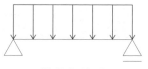
等分布荷重

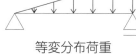
等変分布荷重

回転（モーメント）荷重

図7.8　荷重モデル

断面力（応力、内力）の種類　重要度 ★★★

　荷重などの外力に応じて、**部材内部に生じる抵抗力を断面力**といいます。部材に外側から力が加わると、伸びたり、縮んだり、曲がったりというような変形を生じます。そのような**変形を元に戻そうとする力が断面力**です。断面力は、外力に応じて部材内部に生じるので、**応力**や**内力**とも呼ばれます。

　断面力には、**軸方向力**、**せん断力**、**曲げモーメント**の3種類があります。

（1）軸方向力（軸方向応力、軸力）　記号：N

　外力（P）が部材の軸方向に作用したときに、部材内部に**軸方向に生じる抵抗力**です。軸方向力には、**引張力**（N_t）と**圧縮力**（N_c）があります。引張力と圧縮力は、物を伸ばしたり縮めたりという変形に抵抗する力です。

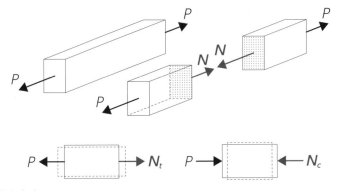

$$P \longleftarrow \boxed{} \longrightarrow N_t \qquad P \longrightarrow \boxed{} \longleftarrow N_c$$

図7.9　軸方向力

（2）せん断力（せん断応力）　記号：Q

　外力（P）が材軸に対して直角に、**部材断面をずらすように作用したときに生じる抵抗力**です。せん断力には、**部材を構成する要素をひし形に変形させようとする働き**があります。

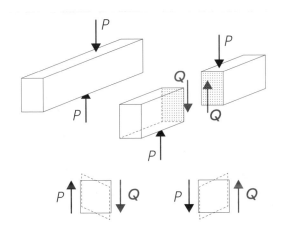

$$P \uparrow \boxed{} \downarrow Q \qquad P \downarrow \boxed{} \uparrow Q$$

図7.10　せん断力

（3）曲げモーメント（曲げ応力）　記号：M

　外力（M）が**部材を曲げるように作用したときに生じる抵抗力**です。物体を回転させようとする力の効果をモーメントといいます。物体に回転力（モーメント荷重）を与えると、曲がったり、ねじれたりします。物体の**曲げ変形に抵抗するモーメントを曲げモーメント**、物体のねじれ変形に抵抗するモーメントをねじりモーメントといいます。部材に曲げ変形が生じると、部材の片側には部材を押し縮める**圧縮力（C）**が、もう片側には部材を引き伸ばす**引張力（T）**が作用します。

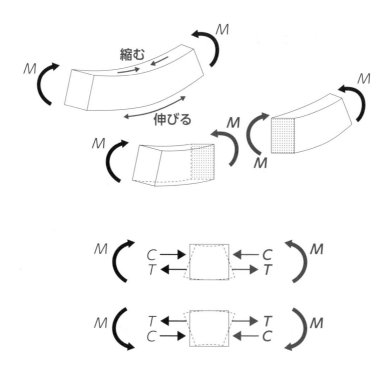

図7.11　曲げモーメント

⑤　④　③　②　①

━━━━◖ 学習のポイント ◗━━━━

鉄筋コンクリート構造の主要な部材である柱、梁について、地震時に脆性破壊を生じないためにはどうすればよいのかを理解する。

　鉄筋コンクリート造の構造設計では、骨組を構成する**部材のじん性（粘り強さ）を確保**し、地震時の**脆性破壊を防ぐ**ことが重要です。**脆性破壊**とは、**ほとんど変形することなく、ガラスが割れるようにもろく破壊すること**です。大地震などによって、建物を構成する主要な骨組に脆性破壊が生じると、その建物内にいる人たちが避難する間もなく、建物が倒壊してしまう可能性があります。じん性（粘り強さ）の高い部材で構成された建物は、部材が損傷（降伏）して変形が生じても、すぐには倒壊せず、建物内の人たちが避難する時間を作ることができます。

　コンクリートは、引張力やせん断力に弱く、脆性的な材料です。これに、引張力に強く、粘り強い（じん性の高い）鉄筋を組み合わせることで、鉄筋コンクリート造は成り立っています。構造設計では、**コンクリートは引張力を負担しない（引張力には抵抗できない）ものと考えて計算**します。

　ここでは、鉄筋コンクリート部材の構造性能の確保について学びます。

柱の構造設計 重要度 ★★★

　柱の配筋例を図7.12に示します。図のように、**柱の主筋**は材軸方向に配置され、**帯筋（フープ）**は、主筋と直交方向に配置されます。柱の**主筋は、主に軸方向力と曲げモーメントに抵抗**します。**帯筋は、主にせん断力に抵抗**するせん断補強筋です。

　柱には、床スラブや梁などを支える役割があり、軸方向に常に大きな圧縮力が作用しています。圧縮力には、柱の主筋とコンクリートで抵抗しますが、圧

第7章 コンクリート構造の設計

縮力によってコンクリートが破壊（圧壊）する脆性的な破壊は避けなければなりません。構造設計では、**コンクリートの圧縮強度によって、柱の軸方向の耐力（軸耐力）を確保**するようにします。

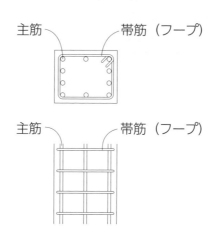

図7.12　柱の配筋例

　地震のような水平力に対し、**柱のじん性を確保**し、**脆性破壊を防止**するためには、次のことに留意します。

- 柱の**変形能力を高める**ため、**せん断耐力を曲げ耐力より大きくなるように計画**する
  部材に**曲げ変形**が生じると、部材の片側には**圧縮力**が、もう片側には**引張力**が作用します。**圧縮力にはコンクリートが、引張力には柱の主筋が抵抗**するので、**脆性破壊を生じにくくなります**。これに対し、部材に**せん断変形**が生じると、**せん断力に弱いコンクリートが破壊**されて抜け落ち、**細長い主筋が露出して座屈**するという**脆性破壊**を生じます。
- **帯筋の間隔を小さくし、量を増やす**
  帯筋は、柱の**せん断耐力と曲げ変形能力を向上**させます。また、軸方向の圧縮力に対し、コンクリートを拘束して横方向へのはらみ出しを防ぎ、**コンクリートの圧縮強度を増大させる効果**があります。

- **柱長さ**を長くする

  構造物に地震のような水平力が生じると、柱には曲げ変形を生じさせる曲げモーメントとせん断変形を生じさせるせん断力が生じます。**長い柱**（構造設計では、**長柱**と呼びます）の場合には**曲げモーメント**の影響が、**短い柱**（**短柱**と呼びます）の場合には**せん断力**の影響が大きくなります。太さの同じ長い棒と短い棒を曲げ比べると、長い棒の方が曲げやすいことは容易に想像できると思います。鉄筋コンクリート造の柱は、軸方向に圧縮力と引張力が生じる**曲げ変形には脆性破壊を生じにくい**のですが、せん断力を生じる**せん断変形には脆性破壊を生じやすく**なります。つまり、**長い柱は脆性破壊しにくく、短い柱は脆性破壊しやすい**といえます。図7.13のように、**たれ壁や腰壁の付いた柱**は、たれ壁や腰壁によって変形が拘束され、水平力が作用した際には、あたかも**短い柱のように変形**し、**脆性的なせん断破壊を生じます**。このような短柱を防ぐ方法として、一般に、たれ壁や腰壁と柱の取り合い部分に構造スリット（耐震スリット）を設けて縁を切る工法が用いられます。

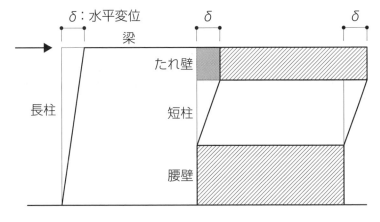

図7.13　短柱と長柱

第**7**章　コンクリート構造の設計

梁の構造設計

梁の配筋例を図7.14に示します。図のように、**梁の主筋**は材軸方向に配置され、**あばら筋（スターラップ）**は、主筋と直交方向に配置されます。梁の**主筋は、主に曲げモーメントに抵抗**します。**あばら筋は、主にせん断力に抵抗す**るせん断補強筋です。

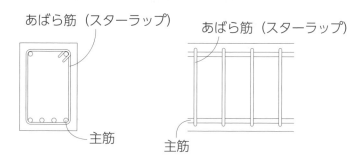

図7.14　梁の配筋例

梁のじん性を確保し、**脆性破壊を防止**するため、柱と同様に次のことに留意します。

- 梁の**変形能力を高める**ため、**せん断耐力を曲げ耐力より大きくなるように計画**する
- **あばら筋の間隔を小さくし、量を増やす**

問 鉄筋コンクリート柱部材の設計では、曲げ耐力がせん断耐力よりも［①大きく、②小さく］なるようにして、脆性的な破壊を生じにくくする。

正解 ②小さく

解説

鉄筋コンクリート柱部材の設計では、脆性的な破壊を生じにくくするため、曲げ耐力をせん断耐力よりも**小さく**なるようにして、**せん断破壊よりもじん性の高い曲げ破壊**が先行するようにします。

問 鉄筋コンクリート柱部材の設計では、コンクリートの圧縮強度を［①高く、②低く］すると、軸耐力は高まる。

正解 ①高く

解説

部材には、床スラブや梁などを支える役割があり、軸方向に常に大きな圧縮力が作用しています。**軸耐力**は、この**軸方向の圧縮力に対する耐力**のことです。よって、コンクリートの圧縮強度を**高める**ことによって、軸耐力も高まります。

問 鉄筋コンクリート柱部材は、帯（鉄）筋を［①増やす、②減らす］ことで、水平力を受けた場合の曲げ変形能力を大きくできる。

正解 ①増やす

解説

帯筋は、柱部材のせん断耐力を高めるための補強筋です。**帯筋の量が少なかったり配置間隔が広かったり**すると、せん断耐力が低下して、柱が水平力を受けた場合に、十分な曲げ変形能力を発揮する前に脆性的なせん断破壊を生じてしまいます。

問 鉄筋コンクリート柱部材は、柱の長さが［①長く、②短く］なると、水平力を受けた場合にせん断破壊型になりやすい。

正解 ②短く

解説

柱部材に水平力が作用すると、**曲げモーメント**と**せん断力**が生じます。柱の長さが長いと、**曲げモーメント**の影響が大きくなり、**曲げ破壊**が先行します。これに対し、柱の長さが短いと、**せん断力**の影響が大きくなり、**せん断破壊**が先行します。

問 鉄筋コンクリート柱部材は、主（鉄）筋を［①増やす、②減らす］と、水平力を受けた際に鉄筋が降伏する前にコンクリートが圧壊することがある。

正解 ①増やす

解説

柱部材が水平力を受けて**曲げ変形**を生じると、柱部材には軸方向に**圧縮力**と**引張力**が生じます。このとき、**圧縮力には主にコンクリートが抵抗**し、**引張力には主に鉄筋が抵抗**します。主筋を**増やす**と引張力に対する抵抗力が高まるので、コンクリートの破壊が先行することになる、つまり、鉄筋が降伏する前にコンクリートが圧壊することが考えられます。

問 鉄筋コンクリート梁部材のスターラップ（あばら筋）の配置間隔を［①大きく、②小さく］することは、せん断耐力を高めるのに有効である。

正解 ②小さく

解説

スターラップ（あばら筋）は、梁部材の**せん断耐力を高めるための補強筋**です。スターラップ（あばら筋）の配置間隔を小さくしたり、量を多くしたりすることは、せん断耐力を高めるのに有効です。

問 鉄筋コンクリート梁部材の引張主（鉄）筋量を［①多く、2. 少なく］すると、曲げ耐力は高まる。

正解 ①多く

解説

梁部材に**曲げ変形**が生じると、梁部材には軸方向に**圧縮力**と**引張力**が生じます。このとき、**圧縮力には主にコンクリートが抵抗**し、**引張力には主に鉄筋が抵抗**します。主筋量を**多く**すると引張力に対する抵抗力が高まるので、曲げ耐力が高まります。

問 鉄筋コンクリート部材の曲げ耐力の算定において、コンクリートは［①引張力、②圧縮力］を負担しないものと考えて計算する。

正解 ①引張力

解説

コンクリートは、圧縮力には強いものの引張力にはきわめて弱いという特性を持つ材料です。鉄筋コンクリート造の構造設計では、引張力は鉄筋が負担するものと考え、通常、コンクリートの**引張強度**は無視して計算します。

問 鉄筋コンクリート部材の引張主（鉄）筋の継手は、曲げモーメントが［①最大、②最小］となる位置に設ける。

正解 ②最小

解説

材と材のつなぎ目（接合部）である継手は、構造上の弱点であるといえます。継手部分には、大きな引張力が作用しないようにすることが重要です。**曲げモーメント**が生じると、材軸方向に**圧縮力**と**引張力**が作用します。そのため、鉄筋の継手位置は、曲げモーメントが**最小**となる位置に設けるようにします。

◆ 学習のポイント ◆

　コンクリートの構造材料としての特性である、**応力度、ひずみ度、ヤング係数、圧縮強度**について、その**計算方法**を理解する。

　コンクリートは圧縮強度に優れることから、一般に、**コンクリートの強度といえば圧縮強度**を意味します。圧縮強度を知ることで、引張強度やせん断強度などの大きさを推測することもできます。

　ここでは、**コンクリート圧縮強度試験の方法**と、その計測結果から求められる**圧縮強度の計算方法**、また、その基礎知識である**応力度、ひずみ度、ヤング係数**について学びます。

コンクリート圧縮強度試験　　　　重要度 ★★★

　コンクリートの圧縮強度試験方法は、JIS A 1108（コンクリートの圧縮強度試験方法）で規定されています。また、試験に用いる供試体は、JIS A 1132（コンクリートの強度試験用供試体の作り方）においてその作り方が規定されています。建設現場で供試体用のコンクリート試料を採取する場合は、トラックアジテータなどから採取します（写真7.2①）。採取したコンクリートを型枠に詰め（写真7.2②）、硬化を待ってから型枠を取り外します。**型枠の取外し時期は、コンクリートを詰め終わってから、16時間以上3日間以内**とされています。型枠を取り外した後の供試体は、強度試験を行うまで水中などで養生（写真7.2③）します。通常、**供試体の養生温度は20±2℃、養生期間は材齢で1週、4週、13週、またはそのいずれか**です。試験は、所定の養生が終わった直後の状態の供試体を用いて、試験機（写真7.2④）により行います。

　試験は、直径と高さの比率が1：2の円柱供試体の軸方向に圧縮荷重を加えるのが一般的です。供試体の上下端面を加圧盤に直接密着させ（写真7.2⑤）、

供試体に衝撃を与えないように一様な速度で荷重を加えていき、供試体が破壊（写真7-2⑥）するまでに試験機が示す最大荷重を計測します。

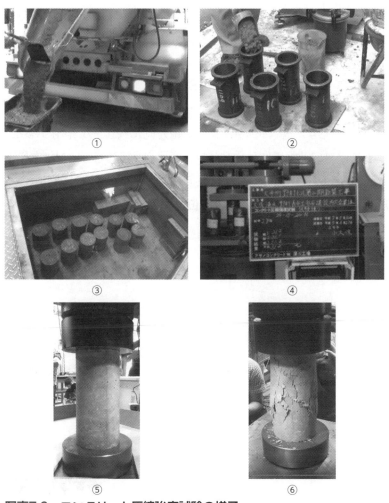

写真7.2　コンクリート圧縮強度試験の様子

応力度　　　重要度 ★★★

　単位面積当たりの応力の大きさを応力度（単位：N/mm²）といいます。応力度には、垂直応力度、せん断応力度、曲げ応力度があります。

ここでは、コンクリートの圧縮強度試験において、**圧縮強度f_cの算出**に必要
となる知識として、軸方向の垂直応力度について解説します。垂直応力度には、
単位面積当たりの圧縮力である圧縮応力度と、単位面積当たりの引張力である
引張応力度があります。一般に、**垂直応力度はσ**（シグマ）、**圧縮応力度はσ_c、
引張応力度はσ_t**の記号で表されます。図7.15は、コンクリートの圧縮強度試
験を模式的に表したものです。図中の**P**（単位：N）は荷重、**N**（単位：N）
は荷重によって生じる軸方向力、**A**（単位：mm²）は断面積、**σ**（単位：N/
mm²）は垂直応力度です。図7.15①のように軸方向に荷重**P**が作用すると、
図7.15②のように部材の断面には荷重**P**とつり合うように軸方向力**N**が生じま
す（**$N=P$**）。そして、図7.15③のように、軸方向力**N**が断面に均等に作用する
と考え、**軸方向力Nを断面積Aで割って、単位面積当たりの値としたのがσで
す（$\sigma = N / A$）。

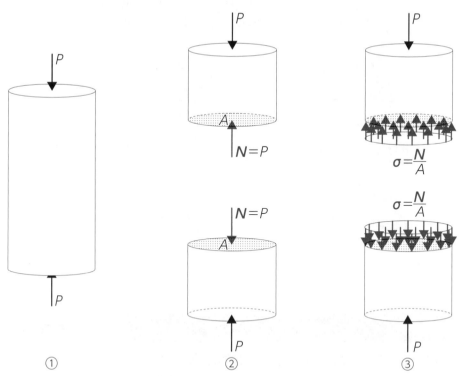

① ② ③

図7.15　コンクリート圧縮強度試験の模式図（応力度）

ひずみ度

　部材の軸方向に力を加えると、**部材は力を加えた方向に応じて伸び縮み**します。**この変形をひずみ度**といい、記号 ε （イプシロン）で表されます。単にひずみという場合もあります。**ひずみ度は、元の長さに対する伸び縮みした長さの割合**です。長さを長さで割るので、**無次元量（単位を持たない量）**になります。軸方向力によって軸方向に伸び縮みした場合のひずみ度を縦ひずみ度、これと同時に生じる軸と垂直方向のひずみ度を横ひずみ度といいます。

　図7.16は、コンクリートの圧縮強度試験を模式的に表したものです。図7.16中の**P**（単位：N）は荷重、**L**（単位：mm）は材の長さ、**ΔL**（単位：mm）は材の伸び縮みした長さです。図7.16の供試体は、軸方向に作用する荷重**P**によって、上下に**ΔL／2**ずつ、合計**ΔL**縮んでいるので、**縦ひずみ度εは、変形量ΔLを元の長さLで割った値（ε＝ΔL／L）**となります。

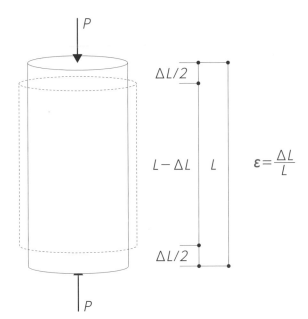

図7.16　コンクリート圧縮強度試験の模式図（ひずみ度）

3. コンクリート圧縮強度試験と応力度、ひずみ度、ヤング係数　247

ヤング係数

　物体に力を加えると変形し、力を取り除くと変形が消失してもとの状態に戻る場合、その物体は**弾性状態**にあるといいます。

　弾性状態にある物体の変形量は、外力に比例します。このときの**応力度とひずみ度との比例定数をヤング係数**（単位：N/mm²）といい、記号*E*で表されます。**弾性係数**ともいいます。

　材が弾性状態にあるとき、応力度 σ とひずみ度 ε とは比例の関係にあり、図7.17①のような直線状（線形）になります。このときの**傾きがヤング係数*E*（*E* = σ ／ ε）**です。図7.17②に示すように、この傾きの大きさから材の変形のしにくさがわかります。すなわち、**ヤング係数は材の変形のしにくさを表します**。

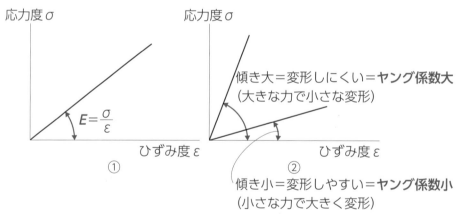

図7.17　応力度 σ とひずみ度 ε との関係

圧縮強度

　コンクリートの圧縮力に対する最大の抵抗力が、圧縮強度です。**圧縮強度は、単位面積当たりの力（単位：N/mm²）として、記号** f_c **で表されます。**

　圧縮強度の計算方法は、圧縮強度試験方法とともに、JIS A 1108（コンクリートの圧縮試験方法）で規定されています。**供試体が破壊したときの最大荷重** P_u **（単位：N）を、供試体の断面積** A **（単位：mm²）で割って求めます。**

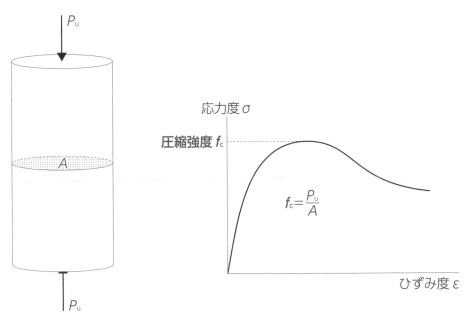

図7.18　コンクリート供試体の圧縮強度

$$f_c = \frac{P_u}{A}$$

計算問題要点チェック

コンクリート円柱供試体（高さ200mm、断面積7,500mm²）の軸方向に75kNの圧縮荷重を作用させたとき、軸方向の変形量が0.1mmとなった。この圧縮荷重を供試体が破壊するまで増大させたところ、最大荷重は225kN、軸方向の変形量が0.4mmとなった。
このときの、コンクリート円柱供試体の圧縮強度とヤング係数のおおよその値を示しなさい。

解答

問題文中の試験結果は、図7.19のように表されます。**圧縮強度f_cは、供試体が破壊したときの最大荷重P_uを供試体の断面積Aで割った次式**により求まります。

$$f_c = \frac{P_u}{A} = \frac{225\text{kN}}{7,500\text{mm}^2} = \frac{225,000\text{N}}{7,500\text{mm}^2} = 30\text{N/mm}^2$$

上式より、コンクリート円柱供試体の圧縮強度は、30N/mm²となります。

ヤング係数は、応力度σとひずみ度εとの関係から、応力度をひずみ度で割って求めます。ただし、応力度とひずみ度とが比例の関係（直線状）である必要があります。問題で求められているのはヤング係数のおおよその値ですから、**応力度とひずみ度の関係がほぼ比例の関係となる、圧縮荷重75kN、変形量0.1mmのときのヤング係数E（$E = \sigma / \varepsilon$）を求めます。**

まず、σとεを求めます。

$$\sigma = \frac{P}{A} = \frac{75\text{kN}}{7,500\text{mm}^2} = \frac{75,000\text{N}}{7,500\text{mm}^2} = 10\text{N/mm}^2$$

$$\varepsilon = \frac{\Delta L}{L} = \frac{0.1\text{mm}}{200\text{mm}} = 0.0005$$

σとεから、Eを求めます。

$$E = \frac{\sigma}{\varepsilon} = \frac{10}{0.0005} = 20,000\text{N/mm}^2$$

上式より、コンクリート円柱供試体のおおよそのヤング係数は、**20,000**N/mm² (**2.0×10⁴**N/mm²) となります。

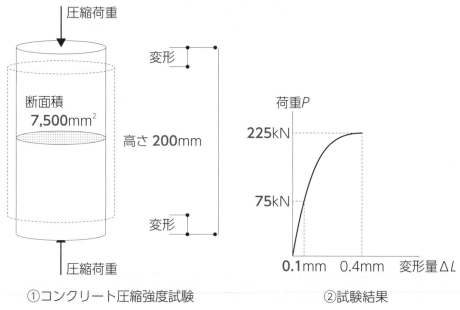

①コンクリート圧縮強度試験　②試験結果

図7.19　コンクリート圧縮強度試験と試験結果の模式図

━━━━●━ 学習のポイント ━●━━━━

梁部材について、**降伏荷重の大きさを左右する要因**および、**荷重により生じる断面力**について理解する。

鉄筋コンクリート造の**梁部材の断面には、荷重によって主に曲げモーメントとせん断力が生じます**。曲げモーメントやせん断力によって、梁はどのように破壊するのかを知るために、**構造実験**が行われます。**梁部材の構造実験は、単純梁形式で行われるのが一般的**です。加力の方法には、中央集中荷重や2点集中荷重による方法などがあります。ここでは、中央集中荷重と2点集中荷重による方法について学びます。

降伏荷重とその決定要因　　　　重要度 ★ ★ ★

図7.20はいずれも、単純梁の中央部に集中荷重を載荷する実験を模式的に表しています。この実験は、**曲げ載荷試験**とも呼ばれます。

図7.20①はコンクリートのみで作られた無筋コンクリート梁、図7.20②は梁の下部に鉄筋を配置した梁です。中央集中荷重によって、どちらの梁にも曲げモーメントが生じ、下側にたわみます。この**曲げモーメントによって、梁の上端には圧縮力が、下端には引張力が生じます。脆性材料であるコンクリートのみで作られた図7.20①の無筋コンクリート造梁は、上端の圧縮力にはコンクリートが抵抗できるものの、下端の引張力にはコンクリートがほとんど抵抗できずに、梁の下端から割れて折れる脆性破壊を生じます**。これに対し、下端に鉄筋を配置した**図7.20②の鉄筋コンクリート造梁は、上端の圧縮力にはコンクリートが抵抗し、下端の引張力には鉄筋が抵抗することで、梁の下端にひび割れは発生するものの、粘り強い破壊性状**を示します。

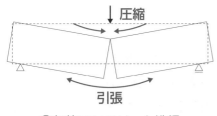

①無筋コンクリート造梁　　　　②鉄筋コンクリート造梁

図7.20　中央集中荷重による梁の構造実験の模式図

　このように、**部材の引張力が生じる箇所に鉄筋を配置することで、引張力に鉄筋が粘り強く抵抗し、脆性破壊を防ぐことができます**。

　降伏荷重とは、部材の弾性限界とみなす荷重です。部材に力を加えると変形を生じますが、その力を取り除くと変形が消失し、元の状態に戻る性質を弾性といいます。**部材に降伏荷重を超える荷重が作用すると、力を取り除いても変形が元に戻らない、永久変形を生じます。この性質を塑性**といいます。**塑性変形によって、鉄筋コンクリート造部材には損傷が生じます**。この降伏荷重を決める要因について、中央集中荷重による梁の構造実験を例に見てみます。図7.21は、単純梁の下部に鉄筋（梁主筋）を配置した鉄筋コンクリート造梁です。このように、梁の下部に配置される鉄筋を下端筋といいます。

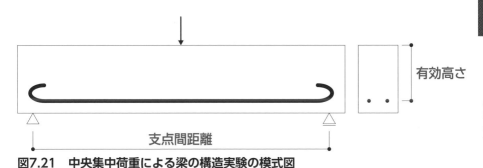

有効高さ

支点間距離

図7.21　中央集中荷重による梁の構造実験の模式図

　降伏荷重は、部材を構成する材料のうち、最初に降伏する（弾性限界を超える）部材の強度で決まります。荷重によって鉄筋コンクリート造部材のコンク

リートが最初に降伏するのであれば、その部材の降伏荷重はコンクリートの強度で決まり、鉄筋が最初に降伏するのであれば、その部材の降伏荷重は鉄筋の強度で決まります。つまり、**部材を構成する材料の強度を高くすることで、降伏荷重を高くすることができます。**通常、鉄筋コンクリート造梁の設計では、**コンクリートが先行して破壊するともろく崩れる可能性が高まるので、変形能力のある鉄筋が先行して降伏するのが望ましい**とされます。ですから、鉄筋が先行して降伏するようにした上で、**鉄筋の強度を上げる、鉄筋の断面積を大きくするなどが、降伏荷重を増加させるのに有効**です。

　また、**部材の断面形状や長さによっても降伏荷重は変わります。**細長い木の枝は曲げることで簡単に折ることができますが、太くて短い丸太を曲げて折るのは容易ではありません。このように、**棒状の材料は、太く（断面積を大きく）、短く（支点間距離を短く）することで曲げようとする力に対する抵抗力が高くなります。**

　断面を大きくする場合、単に大きくすると梁が重くなり、自重による荷重が増大してしまいます。そこで、梁の断面は、**梁幅に比べて梁せいを大きくする**ようにします。梁せいを大きくすることで応力中心間距離（図7.22）が増大し、曲げモーメントの抵抗力が増加します。長い直定規は、断面幅の広い面の方向へは応力中心間距離が短いので簡単に曲がりますが、断面幅の狭い面の方向へは応力中心間距離が長くなるので容易に曲がりません。一般に、梁の断面形状が、せいの大きい幅の小さい長方形なのはこのためです。

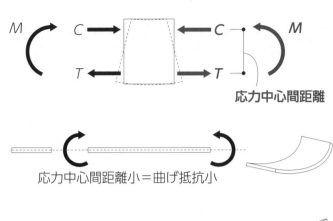

図7.22　応力中心間距離

　以上のことから、**鉄筋コンクリート造梁部材の降伏荷重を増加させる条件**として、次のことなどが挙げられます。

- 鉄筋の降伏強度が大きくなる
- 鉄筋の総断面積が大きくなる
- 支点間距離が小さくなる
- 有効高さ（鉄筋断面の中心から梁上端までの距離）が大きくなる

　断面力は、外力とつり合うように部材内部に生じます。外力は、部材の外側から作用する力であり、荷重や反力が該当します。外力（荷重・反力）によって梁部材に生じる断面力とその影響について、2点集中荷重による梁の構造実験を例に見てみます。

　鉄筋コンクリート造梁に、図7.23のような鉛直荷重Pを2点C、Dに載荷した場合、これとつり合うように2つの支点A、Bには、それぞれに大きさPの反力が生じます。

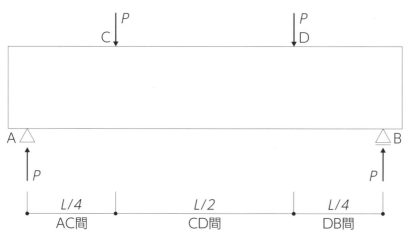

図7.23　2点集中荷重による梁の構造実験の模式図

　図7.23の断面力を、AC間、CD間、DB間について見てみます。

【AC間】および【DB間】

　図7.24は、AC間における外力と断面力との関係です。AC間に限って見ると、外力は支点Aに作用する反力Pのみです。すると、AC間には反力Pおよび$P \times x$（xは支点Aから断面までの距離）に抵抗するように、せん断力Qと曲げモーメントMが生じます。AC間では、どの位置で切断しても外力とつり合う

断面力が生じます。

　せん断力Qについて見ると、鉛直方向の力のつり合いより、支点からの距離x_1の断面では$Q_1 = P$、支点からの距離x_2の断面では$Q_2 = P$というように、AC間ではどの断面においても**せん断力Qの大きさは一定（$=P$）**です。

　曲げモーメントMについて見ると、支点からの距離x_1の断面では$M_1 = P \times x_1$、支点からの距離x_2の断面では$M_2 = P \times x_2$となります。支点からの距離によって力Pの大きさは変わりませんが、距離の関係は$x_1 < x_2$ですから、曲げモーメントの大きさも$M_1 < M_2$となります。このように、AC間では**支点からの距離が大きいほど、曲げモーメントMは大きく（$=P \times x$）**なります。

　なお、梁は形状も荷重も左右対称なので、【AC間】および【DB間】の断面力は等しくなります。

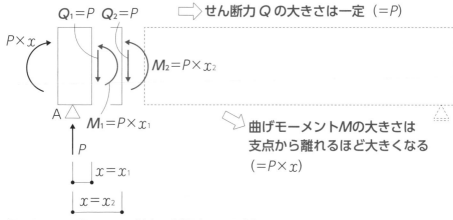

図7.24　AC間における外力と断面力との関係

【CD間】

　図7.25は、CD間における外力と断面力との関係です。CD間には外力として、支点Aに作用する反力PとC点に作用する荷重Pが作用します。

　せん断力Qについて見ると、鉛直方向の力のつり合いから、お互いに大きさが等しく向きが反対の反力Pと荷重Pが打ち消しあい、支点からの距離xにかかわらず、どの断面でも$Q = P - P = 0$となり、**せん断力Qは生じません（Q**

=0)。

　曲げモーメントMについて見ると、外力として支点Aに生じる反力Pによるモーメント（$M_A = P \times (L/4 + x)$）と、C点に作用する荷重Pによるモーメント（$M_c = P \times x$）があります。どちらも力の大きさはPで変わりませんが、断面までの距離が長い分、支点Aに生じる反力Pによるモーメントの方が大きくなります。ここで、両者は互いに逆回転のモーメントです。外力M_cは外力M_Aを打ち消すように働きます。これにより、CD間に作用する曲げモーメントは、$M = P \times (L/4 + x) - P \times x = P \times L/4$で、**一定の値**になります。この状態を、**純曲げ（曲げモーメントのみが生じて、せん断力が生じていない状態）**といいます。

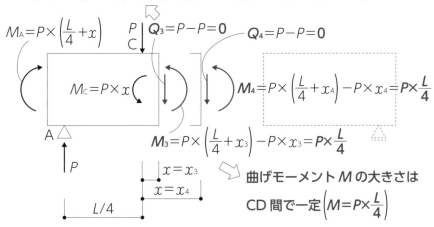

せん断力 Q は生じない（$Q=0$）
（大きさ等しく向き反対の荷重 P と反力 P が打ち消し合う）

$M_A = P \times \left(\dfrac{L}{4} + x \right)$

$P \downarrow$　$Q_3 = P - P = 0$　　$Q_4 = P - P = 0$
C

$M_c = P \times x$

$M_4 = P \times \left(\dfrac{L}{4} + x_4 \right) - P \times x_4 = P \times \dfrac{L}{4}$

A

$M_3 = P \times \left(\dfrac{L}{4} + x_3 \right) - P \times x_3 = P \times \dfrac{L}{4}$

P

$x = x_3$
$x = x_4$

$L/4$

曲げモーメント M の大きさは
CD 間で一定 $\left(M = P \times \dfrac{L}{4} \right)$

図7.25　CD間における外力と断面力との関係

問 鉄筋コンクリート梁部材の設計において、降伏荷重を増加させるのに、支点間距離を［①大きく、②小さく］するのは有効である。

正解 ②小さく

解説

鉄筋コンクリート梁部材の**支点間距離を小さく**すると、断面に生じる曲げモーメントを小さくできることから、降伏荷重を増加させるのに有効です。

問 鉄筋コンクリート梁部材の設計において、降伏荷重を増加させるのに、断面の有効高さを［①大きく、②小さく］するのは有効である。

正解 ①大きく

解説

鉄筋コンクリート梁部材の**断面の有効高さを大きく**すると、**応力中心間距離**が大きくなることから、降伏荷重を増加させるのに有効です。

外力によって、**鉄筋コンクリート構造物のどの位置にひび割れが発生するの
かを、外力と構造物の変形の関係から**理解する。

　コンクリートは、ひび割れを生じやすい材料です。ひび割れは、鉄筋コンク
リート構造物の強度や耐久性を低下させる要因となります。**ひび割れは、コン
クリートが引っ張られることで発生する、つまり、引張力によって生じます。**
コンクリートは引張力に弱いので、鉄筋コンクリート構造物では、引張力には
主として鉄筋で抵抗します。鉄筋コンクリート構造物の設計では、ひび割れの
発生する（引張力の生じる）位置を正確に捉え、その位置に確実に鉄筋を配置
する必要があります。

　鉄筋コンクリート構造物の**外力によるひび割れには、大きく2種類**のものが
あります。1つは、**曲げモーメントによって生じる曲げひび割れ**、もう1つは、
せん断力によって生じるせん断ひび割れです。コンクリートは引張力に弱いの
で、何か重い物がぶら下がるなどのように、直接引張力が生じるような部位に
は用いず、圧縮力に抵抗するように設計します。しかし、直接引っ張られなく
ても、曲げモーメントやせん断力によって引張力が生じてしまいます。

　ひび割れは引張力によって生じることから、**外力に対して構造物がどのよう
に変形（伸び縮み）するのか、そして、その変形によってどの位置に引張力が
生じるのかがわかれば、ひび割れの発生状況がわかります。**ここでは、**外力に
よって鉄筋コンクリート造部材がどのように変形するのかをイメージすること
で、ひび割れの発生状況を理解**できるようにします。

曲げひび割れ

重要度 ★ ★ ★

　柱部材や梁部材に**曲げモーメント（部材に曲げ変形を生じさせる力）が**生じたときに、部材の引張力が生じる側のコンクリートに**発生**するひび割れです。部材の伸びる側（図7.26の場合、梁の下側）に引張力は作用します。曲げひび割れは、材軸と直交方向に入ります。

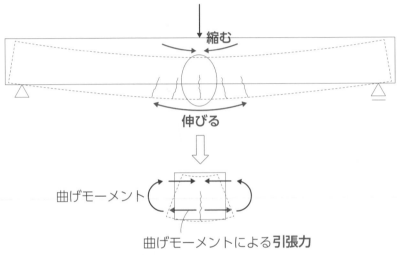

図7.26　単純梁の曲げひび割れの発生例

以下に、**基本的な鉄筋コンクリート造部材の曲げひび割れ発生状況の例**を示します。作用する荷重と変形の関係から、ひび割れがどこに発生するのか確認してください。

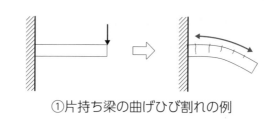

①片持ち梁の曲げひび割れの例

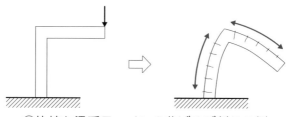

②片持ち梁系ラーメンの曲げひび割れの例

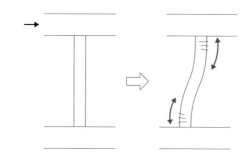

③柱（長柱）の曲げひび割れの例

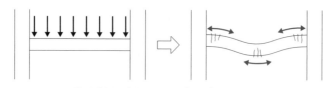

④両端固定梁の曲げひび割れの例

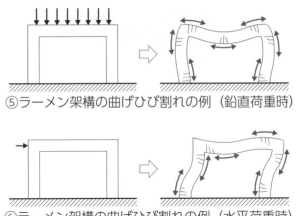

⑤ラーメン架構の曲げひび割れの例（鉛直荷重時）

⑥ラーメン架構の曲げひび割れの例（水平荷重時）

図7.27　基本的な鉄筋コンクリート造の曲げひび割れ発生状況の例

ミニ知識

　構造設計では、荷重による構造物の応力の発生状況を応力図という図で表します。応力図には、軸方向力図、せん断力図、曲げモーメント図があります。このうち、曲げモーメント図について説明します。

応力図の描き方には、ルールがあります。このルールは、学問の分野や国によっても異なります。ここでは、日本の構造設計の一般的なルールに基づいて説明します。

　曲げモーメント図の描き方のポイントは、「**部材の引張側に描く**」ことと、「**集中荷重では直線状に、分布荷重では曲線状に変化する**」こと、そして「**描かれる直線や曲線は、各部材の曲げモーメントの最も大きくなる箇所が山の頂点になる**」ことです。

　モーメント図は部材の引張側に描かれるので、モーメント図を描くことによって部材のどこに引張力が生じるのかがわかります。

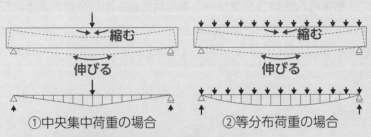

①中央集中荷重の場合　　②等分布荷重の場合

図7.28　単純梁の曲げモーメント図の例

せん断ひび割れ

　地震力などによって、柱や梁、壁部材にせん断力（部材にせん断変形を生じさせる力）が生じたときに発生するひび割れです。図7.29のように、部材にせん断力が作用すると、コンクリートにはせん断変形が生じて、コンクリート内部に斜めの方向に引き伸ばすように引張力が作用します。これにより、引張力と直交する方向にひび割れが入ることとなります。このように、**せん断ひび割れは、斜め方向に入ります。**

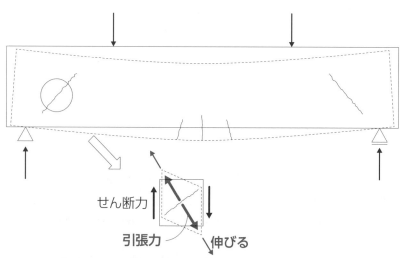

図7.29　単純梁のせん断ひび割れの発生例

　以下に、**基本的な鉄筋コンクリート造部材のせん断ひび割れ発生状況の例**を示します。作用する荷重と変形の関係から、ひび割れがどこに発生するのかを確認してください。

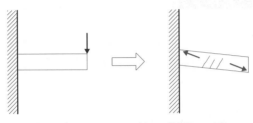

①片持ち梁のせん断ひび割れの例

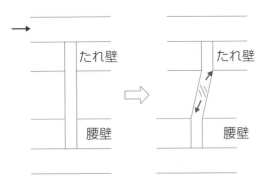

②柱（短柱）のせん断ひび割れの例

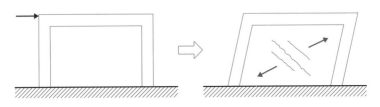

③耐震壁のせん断ひび割れの例

図7.30　基本的な鉄筋コンクリート造のせん断ひび割れ発生状況の例

問 次の鉄筋コンクリート構造の単純梁に図のような等分布荷重が作用した場合、曲げひび割れの発生状況を示す模式図として、適当なのはどちらか。

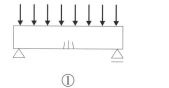

① ②

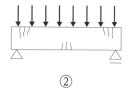

正解 ①

解説

外力によって鉄筋コンクリート造部材がどのように変形するのかをイメージすることで、曲げひび割れの発生状況がわかります。単純梁に、鉛直方向下向きの等分布荷重が作用した場合、変形とひび割れの発生状況は下図のようになります。

問 次の鉄筋コンクリート構造のラーメン架構に図のような集中荷重が作用した場合、曲げひび割れの発生状況を示す模式図として、適当なのはどちらか。

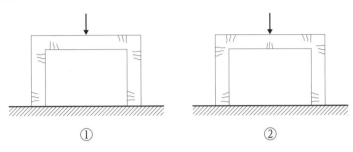

①   ②

正解 ②

解説

ラーメン架構に、鉛直方向下向きの集中荷重が作用した場合、変形とひび割れの発生状況は下図のようになります。

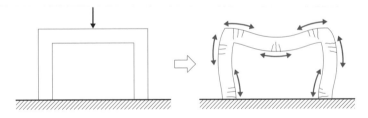

問 次の鉄筋コンクリート構造のラーメン架構に図のような等分布荷重が作用した場合、せん断ひび割れの発生状況を示す模式図として、適当なのはどちらか。

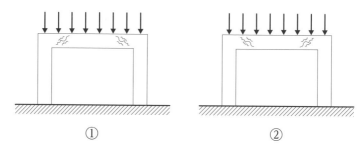

① ②

正解 ①

解説

鉛直方向下向きの荷重によって梁に生じるせん断ひび割れは、下図のようにハの字に発生します。

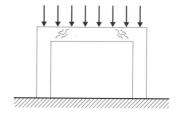

問 次のたれ壁と腰壁の取り付く鉄筋コンクリート構造の柱に、図のような左右の水平荷重が作用した場合、せん断ひび割れの発生状況を示す模式図として、適当なのはどちらか。

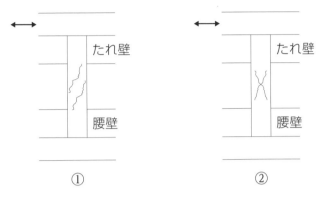

① ②

正解 ②

解説

地震のように左右交互に水平力が作用した場合、短柱のせん断ひび割れは、下図のように柱のほぼ中央部分にXの字に発生します。

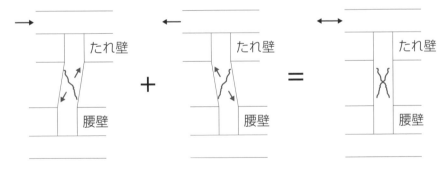

コンクリート技士
模擬試験

コンクリート技士試験について

　2020年、2021年のコンクリート技士試験は、解答方法をマークシート方式とする、出題形式が全36問の四肢択一式で行われています。試験時間は2時間でした。かつては、四肢択一式に加えて○×式の出題があり、試験時間が2時間30分という年もありました。合格率が例年3割程度と決して易しくないこの試験に合格するためには、出題形式に慣れるとともに、戦略を持って臨むことが必要です。

　※出題形式や問題数、試験時間は実施年により異なる場合があります。

模擬試験の使い方

　模擬試験に取り組むにあたり、実際の試験を想定して次の点に注意して解答してみてください。

● 試験時間が2時間（120分）であることから、**1問にかけられる時間は3分程度と考える**
　→ 問題数が36問の場合、**12問を30分、全36問を90分で解く（開始から1時間30分ですべて解き終える）**ようにペース配分して、最後に見直しの時間を30分確保するのが理想です。
　なお、**試験会場には時計が設置されていない場合がありますので、腕時計などを忘れずに携帯する**ようにしてください。
● 何を問われているのか、「**不適当**」「**適当**」「**正しい**」「**誤り**」といった**文中の太文字をしっかりと確認**してから選択肢を読み、解答する
　→「**不適当**」なのか「**適当**」なのか、「**正しい**」のか「**誤り**」なのか、この部分を読み飛ばして選択肢を読み進めると、間違える危険性が高くなります。
● **問題用紙にも、自分の解答（選択肢の番号）をマークする。**
　→ マークシートによる解答方法では、前後の解答欄でマークがずれてしまったり、1問に2つマークしてしまったりといったマークミスをすることが

多々あります。問題用紙にも解答（選択肢の番号）をマークすることで、**マークシートへのマークミスを防ぐ**ようにしましょう。

また、問題用紙が持ち帰れる場合は、**自己採点ができます。**

●根拠があいまいで**自信のない問題には印**を付けておき、時間をかけずに後で見直すようにする

　→**自信のある確実な問題を優先して解き**、自信のない問題には印を付けておいて、**取りあえず解答して後から見直す**、または、**飛ばして後から解答する**ようにしましょう。

●**根拠がすぐに思い当たらない（まったくわからない）選択肢のある問題は、消去法で解く**

　→根拠がすぐに思い当たらない選択肢の根拠を、限られた時間内で見出すのは極めて困難です。その場合は、**他の根拠がわかる選択肢を消して行き、選択肢を絞り込む**ことで解答しましょう。

問題1

　ポルトランドセメントに関する次の記述のうち、**最も不適当**なものはどれか。

(1)　風化すると、一般に、密度が低下して強熱減量が減少する。

(2)　セメント粒子の比表面積が大きいほど、セメントの硬化が促進される。

(3)　中庸熱ポルトランドセメントは、高強度コンクリートやマスコンクリートへの使用に適している。

(4)　耐硫酸塩ポルトランドセメントは、C_3Aの含有率が小さい。

問題2

　粗骨材のふるい分け試験の結果が下表となったときの、粗粒率として**正しい**ものはどれか。

ふるいの呼び寸法（mm）	30	25	20	15	10	5	2.5	1.2	0.6	0.3	0.15
各ふるいにとどまる質量分率（%）	0	5	25	40	66	89	96	99	100	100	100

(1)　1.65

(2)　1.80

(3)　6.75

(4)　6.90

問題3

　JIS A 5308 附属書C（レディーミクストコンクリートの練混ぜに用いる水）の規定に関する次の記述のうち、**正しい**ものはどれか。

(1)　上澄水は、品質試験を行わずに上水道水と混合して使用できる。

(2)　回収水の品質の項目に、塩化物イオンの量は含まれていない。

(3)　スラッジ水の使用に際しては、スラッジ固形分率が規定されている。

(4)　地下水の品質の項目に、懸濁物質の量は含まれていない。

問題4

　JIS A 6204（コンクリート用化学混和剤）の規定に関する次の記述のうち、**正しい**ものはどれか。

(1) AE剤には、空気量の経時変化量が規定されている。

(2) 硬化促進剤には、材齢3日の圧縮強度比が規定されている。

(3) 高性能AE減水剤には、スランプの経時変化量の上限値が規定されていない。

(4) 流動化剤には、スランプの経時変化量の上限値が規定されている。

問題5

　鉄筋に関する次の記述のうち、**最も不適当**なものはどれか。

(1) 弾性係数は、鉄筋の種類にかかわらず一定とみなすことができる。

(2) 炭素含有量が少ないほど、破断時の伸びは小さくなる。

(3) 鉄筋の熱膨張係数は、コンクリートとほぼ等しい。

(4) 種類の記号SD295の「295」は、降伏点の下限値が295N/mm^{2}であることを示している。

問題6

　混和材料に関する次の記述のうち、**誤っている**ものはどれか。

(1) 石灰石微粉末の使用は、フレッシュコンクリートの流動性向上に有効である。

(2) 高炉スラグ微粉末は、ポゾラン反応によって硬化する。

(3) 未燃炭素の含有量が多いフライアッシュは、AE剤のコンクリートへの空気連行性を低下させる。

(4) コンクリートの乾燥収縮低減に効果のある収縮低減剤は、コンクリートの自己収縮低減にも効果がある。

コンクリートの配合に関する次の記述のうち、**最も不適当**なものはどれか。

(1) 水セメント比は、所要の強度や耐久性、水密性などを満足するそれぞれの値のうち、最も大きい値を満足するように決定する。

(2) 実績率の大きい粗骨材を用いれば、同一スランプを得るための単位水量を減らすことができる。

(3) 所要のワーカビリティーが得られる範囲内で、単位水量はできるだけ小さくする。

(4) 水和熱による温度上昇は、単位セメント量を少なくすると小さくなる。

問題8

以下に示す配合表に関する次の記述のうち、**最も不適当**なものはどれか。ただし、セメントの密度は3.15g/cm^3、細骨材の表乾密度は2.50g/cm^3、粗骨材の表乾密度は2.60g/cm^{3}とする。

単位量（kg/m^3）			
水 （微量のAE剤を含む）	セメント	細骨材	粗骨材
170	340	725	1,015

(1) 水セメント比は、50%である。

(2) フレッシュコンクリートの単位容積質量は、2,250kg/m^{3}である。

(3) 細骨材率は、50%である。

(4) 空気量は、4.2%である。

問題9

コンクリートの材料分離に関する次の記述のうち、**正しい**ものはどれか。

(1) 細骨材の粗粒率が小さいほど、材料分離しにくい。

(2) 単位セメント量が小さいほど、材料分離しにくい。

(3) 粗骨材の最大寸法が大きいほど、材料分離しにくい。

(4) スランプの値が大きいほど、材料分離しにくい。

コンクリートのスランプに関する次の記述のうち、**最も不適当**なものはどれか。

(1) ワーカビリティーの代替特性値として用いられる。

(2) スランプ試験におけるフレッシュコンクリートの直径の広がりをスランプ値とする。

(3) スランプ値が大きいほど、そのコンクリートはやわらかいことを意味する。

(4) 材料分離の抵抗性を推定することができる。

問題11

フレッシュコンクリートのブリーディングに関する次の記述のうち、**最も不適当**なものはどれか。

(1) 細骨材率が小さいほど、ブリーディング量が増大する。

(2) エントレインドエアが少ないほど、ブリーディング量が増大する。

(3) 水セメント比が大きいほど、ブリーディング量が増大する。

(4) 石灰石微粉末の使用によって単位粉体量が多くなると、ブリーディング量が増大する。

問題12

コンクリートの機械的性質（力学的特性）に関する次の記述のうち、**最も不適当**なものはどれか。

(1) 圧縮強度と支圧強度では、一般に、支圧強度の方が大きい。

(2) 圧縮強度試験により求められる応力-ひずみ関係は、破壊時までほぼ曲線的な挙動を示す。

(3) コンクリートのポアソン比は、およそ1/5から1/7ほどである。

(4) コンクリートの弾性係数は、一般に、接線弾性係数が用いられる。

模擬試験

問題13

コンクリートの体積変化に関する次の記述のうち、**正しい**ものはどれか。

(1) 乾燥収縮ひずみは、部材の厚さが大きいほど大きくなる。

(2) 乾燥収縮ひずみは、部材の断面寸法が大きいほど大きくなる。

(3) 自己収縮ひずみは、水セメント比が小さいほど大きくなる。

(4) 自己収縮ひずみは、セメントペースト量が少ないほど大きくなる。

問題14

コンクリートのクリープひずみに関する次の記述のうち、**最も不適当**なものはどれか。

(1) 部材の断面寸法が大きいほど、大きくなる。

(2) 荷重が大きいほど、大きくなる。

(3) 載荷時の材齢が若いほど、大きくなる。

(4) 空隙が多いほど、大きくなる。

問題15

コンクリートの水密性に関する次の記述のうち、**最も不適当**なものはどれか。

(1) 水密性の高いコンクリートは、外部からの浸食に対する抵抗性が高い。

(2) 密実なコンクリートほど、水密性が高い。

(3) 粗骨材の最大寸法が大きいと、透水係数が大きくなる。

(4) 水セメント比が小さくなると、透水係数が大きくなる。

問題16

コンクリートの耐久性に関する次の記述のうち、**最も不適当**なものはどれか。

(1) コンクリートが著しく乾燥している場合や濡れている場合には、コンクリートの中性化の進行は、遅くなる。

(2) 炭酸ガスの濃度が高いほど、コンクリートの中性化の進行が遅くなる。

(3) アルカリシリカ反応による膨張は、コンクリートが湿潤状態にある場合に比べて気乾状態にある場合の方が、進行しにくい。

(4) アルカリシリカ反応の抑制には、フライアッシュセメントC種の使用が有効である。

問題17

コンクリート構造に悪影響を及ぼす有害なひび割れを示す次の図のうち、**最も不適当**なものはどれか。

(1)

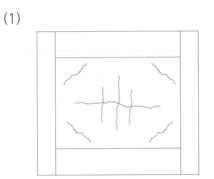

柱と梁に拘束された壁の乾燥収縮ひび割れ

(2)

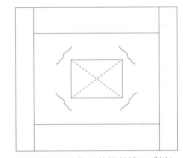

開口部のある壁の乾燥収縮ひび割れ

(3)

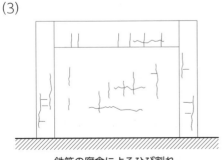

鉄筋の腐食によるひび割れ

(4)

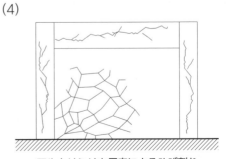

アルカリシリカ反応によるひび割れ

模擬試験

279

問題18

コンクリートに使用する材料の計量に関する次の記述のうち、**誤っている**ものはどれか。

(1) 粗骨材と細骨材は、別々の計量器によって計量しなければならない。

(2) 水はあらかじめ計量してある混和剤と一緒に累加して計量してもよい。

(3) 混和材は購入者の承認を得れば、袋の数で量ってもよい。

(4) 混和剤は、質量または容積で計量する。

問題19

JIS A 5308（レディーミクストコンクリート）におけるコンクリート製造設備の規定に関する次の記述のうち、**誤っている**ものはどれか。

(1) 人工軽量骨材の使用には、骨材に散水する設備を備える。

(2) 計量器は、高炉スラグ微粉末を許容差±2％内で量り取ることのできる精度のものとする。

(3) 計量器は、異なった配合のコンクリートに用いる各材料を連続して計量できるものとする。

(4) 骨材の貯蔵設備は、レディーミクストコンクリートの最大出荷量の1日分以上に相当する骨材を貯蔵できるものとする。

問題20

荷卸し地点におけるスランプ試験およびスランプフロー試験に関する次の記述のうち、**正しい**ものはどれか。

(1) 購入者が指定したスランプの値が8cm以上18cm以下の場合、許容差は±3.5cmとする。

(2) 購入者が指定したスランプの値が21cmの場合、許容差は±1.5cmとする。

(3) 購入者が指定したスランプフローの値が50cmの場合、許容差は±9.5cmとする。

(4) 購入者が指定したスランプフローの値が60cmの場合、許容差は±12.5cmとする。

問題21

JIS A 5308（レディーミクストコンクリート）における空気量および塩化物含有量の規定に関する次の記述のうち、**正しい**ものはどれか。

(1) 普通コンクリートの場合の空気量の許容差は、±2.5cmとする。

(2) 舗装コンクリートの場合の空気量の許容差は、±2.5cmとする。

(3) 塩化物含有量は、0.40 kg/m³以下とする。

(4) 塩化物含有量は、購入者の承認を受けた場合には0.60 kg/m³以下とすることができる。

問題22

コンクリートの圧送に関する次の記述のうち、**最も不適当**なものはどれか。

(1) ピストン式のコンクリートポンプは、シリンダ内でピストンを前後に繰り返し動かすことで、コンクリートの吸込みと圧送を連続して行う方式である。

(2) スクイズ式のコンクリートポンプは、ピストン式に比べて吐出圧力が高く、高強度コンクリートの圧送に適している。

(3) 圧送距離を短くすると、コンクリートポンプの圧送負荷は小さくなる。

(4) 輸送管の径を小さくすると、コンクリートポンプの圧送負荷は大きくなる。

問題23

コンクリート打込み時の材料分離の対策に関する次の記述のうち、**最も不適当**なものはどれか。

(1) コンクリートの荷卸しの際、アジテータを高速攪拌してから排出する。

(2) 打込み用のホースやシュートの先端は、目的の打込み位置へできるだけ近づける。

(3) コンクリートを遠くまで横流ししない。

(4) 締固めの際の振動機の加振時間は、1か所あたり60秒を超えないようにする。

問題24

　コンクリート打込みにおける打継ぎに関する次の記述のうち、**最も不適当な**ものはどれか。

（1）梁やスラブの鉛直打継ぎ目は、せん断力の小さい位置に設ける。

（2）打継ぎ面は、部材の軸方向に垂直に設ける。

（3）打継ぎ面は、十分に乾燥させてから新しいコンクリートを打ち継ぐ。

（4）打継ぎ面の処理には、コンクリート凝結開始前に打継ぎ面に遅延剤を散布し、翌日にレイタンスなどの脆弱部を取り除く方法がある。

問題25

　コンクリート表面の仕上げに関する次の記述のうち、**最も不適当な**ものはどれか。

（1）コンクリート表面の仕上げは、一般に、荒均しの後に定規ずりを行い、最終的に木ごてや金ごてで平滑に仕上げる。

（2）過度なこて仕上げは、収縮ひび割れを助長する。

（3）金ごてによるコンクリート表面の仕上げは、ブリーディングの終了前から行う。

（4）タンピングは、凝結終了前に行う。

問題26

　型枠に作用するコンクリートの側圧に関する次の記述のうち、**適当な**ものはどれか。

（1）壁と柱とでは、柱の方が大きくなる。

（2）コンクリートの凝結が速いほど、大きくなる。

（3）コンクリートのスランプが小さいほど、大きくなる。

（4）コンクリートの流動性に変化のない時間内では、型枠に作用するコンクリートの側圧の分布は、台形状になる。

問題27

鉄筋の組立てに関する次の記述のうち、**最も不適当**なものはどれか。

(1) 鉄筋の結束には、直径0.8mm以上のなまし鉄線やクリップを用いる。

(2) 鉄筋のあきの最小寸法は、粗骨材の最大寸法から決まる数値と、鉄筋径から決まる数値のうち、最大のもの以上とする。

(3) 継手の位置は、普段は引張応力が生じている箇所に設ける。

(4) ガス圧接継手は、接合しようとする鉄筋の径の差が7mmを超える場合は、原則、使用しない。

問題28

梁の型枠支保工の組立ておよび解体に関する次の記述のうち、**最も不適当**なものはどれか。

(1) 梁の型枠組立てでは、たわみを考慮したむくりを設ける。

(2) 梁の支柱は、建物各階の上下で位置が揃わないようにする。

(3) 梁側面の型枠（せき板）は、容易に損傷しない最低限必要なコンクリートの圧縮強度が確認できれば、取り外すことができる。

(4) 梁下の支保工は、コンクリートの圧縮強度がその部材の設計基準強度に達したことが確認できれば、取り外すことができる。

問題29

寒中・暑中コンクリートに関する次の記述のうち、**最も不適当**なものはどれか。

(1) 寒中コンクリートでは、材料を加熱する場合は、セメントの加熱を標準とする。

(2) 寒中コンクリートの荷卸し時のコンクリート温度は、10℃から20℃の範囲とする。

(3) 暑中コンクリートの受け入れ時の温度は、35℃以下とする。

(4) 暑中コンクリートにおいて、コンクリート温度を1℃程度下げるには、練混ぜ水の温度を約4℃下げる必要がある。

　流動化・高流動コンクリートに関する次の記述のうち、**最も不適当**なものはどれか。

（1）流動化コンクリートは、同じスランプの一般のコンクリートよりも、時間の経過に伴うスランプの低下が大きい。

（2）流動化コンクリートは、ベースコンクリートの細骨材率を高めに設定する。

（3）高流動コンクリートは、一般のコンクリートに比べると、型枠に作用する側圧が大きくなる。

（4）高流動コンクリートは、一般のコンクリートに比べると、圧送時の管内圧力損失が小さくなる。

問題31

　マスコンクリートの温度ひび割れの抑制に関する次の記述のうち、**最も不適当**なものはどれか。

（1）使用する粗骨材の最大寸法を小さくする。

（2）中庸熱ポルトランドセメントや低熱ポルトランドセメントを使用する。

（3）熱膨張係数の小さい骨材を使用して、温度応力を小さくする。

（4）プレクーリングやポストクーリングにより、コンクリート温度を下げる。

問題32

　海洋コンクリート構造物の劣化に関する次の記述のうち、**最も不適当**なものはどれか。

（1）物理的な浸食や鉄筋の腐食は、飛沫帯・干満帯で生じやすい。

（2）コンクリート中の鋼材腐食の原因となる海水中の塩類は、塩化ナトリウムである。

（3）コンクリートの体積膨張によるひび割れの原因となる海水中の塩類は、塩化マグネシウムである。

（4）海水中の塩化マグネシウムは、コンクリート中の水酸化カルシウムと反応して水溶性の塩化カルシウムを形成し、組織を多孔質化する。

JIS A 5308（レディーミクストコンクリート）における舗装コンクリートの
規定に関する次の記述のうち、**正しい**ものはどれか。

(1) スランプは、8cmから18cmとする。

(2) ダンプトラックでの運搬時間は、練混ぜを開始してから120分以内とする。

(3) 粗骨材は、すりへり減量が45 %以下のものとする。

(4) 細骨材は、表面がすりへり作用を受けるものについては、微粒分量が
    5.0 %以下のものとする。

問題34

コンクリート円柱供試体（高さ200mm、断面積7,500mm^2）の軸方向に
75kNの圧縮荷重を作用させたとき、軸方向の変形量が0.1mmとなった。こ
の圧縮荷重を供試体が破壊するまで増大させたところ、最大荷重は210kN、
軸方向の変形量が0.4mmとなった。このときの、コンクリート円柱供試体の
圧縮強度と弾性係数のおおよその値を示す次の組合せのうち、**適当**なものはど
れか。

(1) 圧縮強度 28 N/mm^2 、弾性係数 2.0×10^4 N/mm^2

(2) 圧縮強度 28 N/mm^2 、弾性係数 2.5×10^4 N/mm^2

(3) 圧縮強度 30 N/mm^2 、弾性係数 2.0×10^4 N/mm^2

(4) 圧縮強度 30 N/mm^2 、弾性係数 2.5×10^4 N/mm^2

問題34

　コンクリート二次製品の製造に関する次の記述のうち、**最も不適当**なものは
どれか。

(1) フレッシュコンクリートを型枠に投入後、ふたをして圧力を加えて締め
    固める方法は加圧締固めである。

(2) 振動・加圧締固めは、ブロックなどの小型のコンクリート製品に適した
    製造方法である。

(3) コンクリート二次製品の品質管理は、通常、製品そのものを用いた試験

により行う。

（4） オートクレーブ養生は、常圧下で高温の水蒸気を用いて行う蒸気養生である。

コンクリート構造に作用する荷重とひび割れの関係を示す次の図のうち、**最も不適当**なものはどれか。

(1)

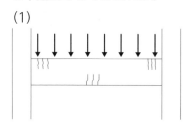

等分布荷重の作用する
両端固定梁の曲げひび割れ

(2)

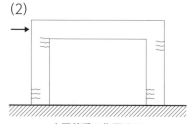

水平荷重の作用する
ラーメン架構の曲げひび割れ

(3)

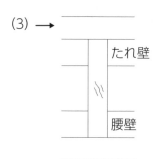

水平荷重の作用する
短柱のせん断ひび割れ

(4)

水平荷重の作用する
耐震壁のせん断ひび割れ

模擬試験　解答

問題1

正解　（1）

解説　セメントは、風化すると一般に密度が低下して、強熱減量（熱によって減る質量の減少量）が**増加**します。

問題2

正解　（3）

解説　粗粒率は、表のふるいの呼び寸法のうち、80、40、20、10、5、2.5、1.2、0.6、0.3、0.15mmの各ふるいにとどまる骨材の全体に対する質量分率の合計を100で割って求めます。

ふるいの呼び寸法（mm）	30	25	20	15	10	5	2.5	1.2	0.6	0.3	0.15
各ふるいにとどまる質量分率（%）	0	5	25	40	66	89	96	99	100	100	100

粗粒率＝（25＋66＋89＋96＋99＋100＋100＋100）/100＝675/100＝6.75

以上より、**粗粒率は6.75**になります。

問題3

正解　（3）

解説　JIS A 5308 附属書C（レディーミクストコンクリートの練混ぜに用いる水）において、スラッジ水を使用する場合は、スラッジ固形分率が3 %を超えてはならない（スラッジ固形分の質量が単位セメント量に対して3%を超えてはならない）ことが規定されています。

問題4

正解 （4）

解説 JIS A 6204（コンクリート用化学混和剤）において、スランプの経時変化量が規定されているのは**高性能AE減水剤**と**流動化剤**であり、その他のコンクリート用化学混和剤は規定されていません。

問題5

正解 （2）

解説 鉄筋は、炭素含有量によって性質が変化し、炭素含有量が**多い**ほど強度は高くなりますが、伸びは小さくなります。

問題6

正解 （2）

解説 高炉スラグ微粉末は、**潜在水硬性**によって硬化します。

問題7

正解 （1）

解説 水セメント比は、その値が**小さい**ほど強度や耐久性、水密性などが向上することから、これらを満足する値のうち最も**小さい**値とします。

問題8

正解 （3）

解説 表より、水セメント比が下式のように算出できます。

水セメント比（単位:%) = 単位水量 /単位セメント量× 100 =170 / 340× 100 =50（%）

フレッシュコンクリートの単位容積質量は、使用する材料の単位量（単位：kg/m^3）の和なので、下式のように算出できます。

単位容積質量（単位：kg/m^3) = 170 + 340 + 725 + 1,015 =2,250（kg/m^3）

表の単位細骨材量、単位粗骨材量の質量から、細骨材率を下式で算出できます。

細骨材率（単位：%）＝細骨材の絶対容積／（細骨材の絶対容積＋粗骨材の絶対容積）×100

ここで、細骨材の表乾密度は2.50g/cm^3、粗骨材の表乾密度は2.60g/cm^{3}より、

細骨材の絶対容積（S）＝ 725 ／ 2.50 ≒ 290（l/m^3）

粗骨材の絶対容積（G）＝ 1,015 ／ 2.60 ≒ 390（l/m^3）

細骨材率＝290 ／（290＋390）×100 ≒ 43%

空気以外の材料の単位量がわかっているので、空気の容積（A）を下式で算出できます。

コンクリート1m^3＝W＋C＋S＋G＋A＝1000（l/m^3）　より、

A＝1000 －（W＋C＋S＋G）

ここで、

水の絶対容積（W）＝ 170 ／ 1.00 ＝ 170（l/m^3）

セメントの絶対容積（C）＝ 340／3.15 ≒ 108（l/m^3）

となることから、

A＝1000 －（W＋C＋S＋G）＝1000 －（170＋108＋290＋390）

　＝ 42（l/m^3）

空気量＝A（l/m^3）／1000（l）×100＝42／1000×100＝4.2（%）

となります。

問題9

正解　（1）

解説　細骨材の粗粒率が**小さい**ほど、使用する骨材が小さく、軽いものになることから、材料分離を生じにくくなります。

問題10

正解　（2）

解説　スランプ試験は、スランプコーンの頂部までフレッシュコンクリートを詰め、スランプコーンを引き上げたときにフレッシュコンクリートの**頂部の下がった寸法**を計測してスランプ値とします。

問題11

正解　(4)

| 解説 |　単位粉体量が多くなると、コンクリートの粘性が大きくなり、ブリーディング量が**減少**します。

問題12

正解　(4)

| 解説 |　コンクリートは、応力度の小さい範囲から曲線になるので、コンクリートは**割線の勾配**を弾性係数（**割線弾性係数**）とします。

問題13

正解　(3)

| 解説 |　自己収縮は、**水セメント比が小さいほど**、セメント量が多くなることから水和によって失われる水分量が多くなり、ひずみが大きくなります。

問題14

正解　(1)

| 解説 |　**部材の断面寸法が小さいほど**表面積が大きくコンクリートが乾燥しやすくなり、クリープひずみは大きくなります。

問題15

正解　(4)

| 解説 |　コンクリートの水密性は、水セメント比に大きく影響を受け、**水セメント比が大きくなると、水密性が低下し、透水係数が大きく**なります。

問題16

正解　(2)

| 解説 |　コンクリートの**中性化の速さ**は、炭酸ガス（二酸化炭素）の濃度が高いほど速くなります。

問題17

正解　(2)

解説　壁や床に開口部がある場合は、下図のように**開口部の隅角部から斜め**に**乾燥収縮によるひび割れが生じ**ます。

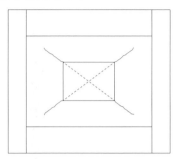

開口部のある壁の乾燥収縮ひび割れ

問題18

正解　(1)

解説　粗骨材と細骨材はいずれも骨材なので、同じ計量器で累加して計量することができます。

問題19

正解　(2)

解説　JISA5308（レディーミクストコンクリート）において、計量器は混和材の許容差は±2%、ただし**高炉スラグ微粉末は±1 %内で量り取ることのできる精度**とすることが規定されています。

問題20

正解　(2)

解説　購入者が指定したスランプの値が21cmの場合、許容差は±1.5cmの範囲内とします。

模擬試験

正解　(4)

解説　塩化物含有量は、**購入者の承認を受けた場合には0.60 kg/m³以下**とすることができます。

正解　(2)

解説　スクイズ式のコンクリートポンプは、ピストン式に比べて**吐出圧力が低く**、高強度コンクリートの圧送にはピストン式の方が適しています。

正解　(4)

解説　コンクリート打込み中の過度の振動は、材料分離を生じさせる要因となります。締固めの際の振動機の**加振時間**は、1か所あたり**5〜15秒**程度を目安として、**長くなりすぎないように**します。

正解　(3)

解説　打継ぎ面が乾燥した状態で新たなコンクリートを打ち継ぐと、打継ぎ面のコンクリートが新たなコンクリートの水分を吸収して水和を阻害し、打継ぎ部のコンクリートが硬化不良を起こす恐れがあります。コンクリートの打継ぎ面は、新たなコンクリートを打ち継ぐ前に**散水して湿らせ**ます。

正解　(3)

解説　金ごてによるコンクリート表面の仕上げは、**ブリーディングの終了後**、表面の水が減少し始めた頃から行います。

問題26

正解 (1)

| 解説 | 柱の方が躯体の厚さが大きく、厚さの薄い壁に比べて、せき板の単位面積当たりに生じる側圧が**大きく**なります。

問題27

正解 (3)

| 解説 | 継手の位置は、応力が小さく、かつ、普段は**圧縮応力**が生じている箇所に設けることを原則とします。

問題28

正解 (2)

| 解説 | 梁の支柱は、建物各階の上下で**位置を揃えて**、曲げモーメントが生じないようにします。

問題29

正解 (1)

| 解説 | 材料の加熱は、**水**を加熱することを標準とし、**セメント**は加熱してはならないことが規定されています。

問題30

正解 (4)

| 解説 | 高流動コンクリートは、流動し始めた後の粘度が大きくなり、圧送の負荷が**大きく**なります。

問題31

正解 (1)

| 解説 | 粗骨材の最大寸法を小さくすると、必要な単位セメント量が多くなり、温度ひび割れを生じやすくなります。

正解 （3）

　解説　セメント中のC_3Aと硫酸塩の一種である**硫酸マグネシウム**が反応してエトリンガイトが生成され、コンクリートの体積膨張によるひび割れの原因となります。

正解 （4）

　解説　JIS A 5308（レディーミクストコンクリート）において、舗装コンクリートに使用する細骨材は、表面がすりへり作用を受けるものについては、微粒分量（骨材に含まれる微粉末の量）が**5.0 %**以下のものとすることが規定されています。

正解 （1）

　解説　圧縮強度f_cは、供試体が破壊したときの最大荷重P_uを供試体の断面積Aで割った下式により求まります。

$$f_c = \frac{P_u}{A} = \frac{210\text{kN}}{7,500\text{mm}^2} = \frac{210000\text{N}}{7,500\text{mm}^2} = 28 \text{ N/mm}^2$$

　上式より、コンクリート円柱供試体の圧縮強度は、**28** N/mm^2 となります。
　弾性係数は、応力度とひずみ度の関係がほぼ比例の関係となる、圧縮荷重75kN、変形量0.1mmのときの値（$E = \sigma / \varepsilon$ ）を求めます。
まず、σとεを求めます。

$$\sigma = \frac{P}{A} = \frac{75\text{kN}}{7,500\text{mm}^2} = \frac{75000\text{N}}{7,500\text{mm}^2} = 10 \text{ N/mm}^2$$

$$\varepsilon = \frac{\Delta L}{L} = \frac{0.1\text{mm}}{200\text{mm}} = 0.0005$$

$$E = \frac{\sigma}{\varepsilon} = \frac{10}{0.0005} = 2,0000 \text{ N/mm}^2$$

上式より、おおよそのヤング係数は、**20,000**N/mm^2（**2.0×10^4 N/mm^2**）となります。

問題35

正解　（2）

　解説　作用する荷重と変形の関係から、下図のように柱に加えて**梁にもひび割れが生じ**ます。

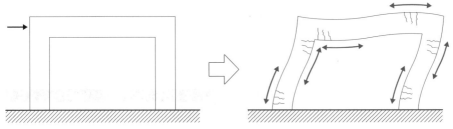

水平荷重の作用する
ラーメン架構の曲げひび割れ

問題36

正解　（4）

　解説　オートクレーブ養生は、オートクレーブ（高温・高圧の蒸気がま）の中で、**常圧より高い圧力下**で高温の水蒸気を用いて行う蒸気養生です。

索 引

著　者

小久保 彰 （こくぼ あきら）

1993年、日本大学理工学部建築学科卒業。1995年、同大学院理工学研究科建築学専攻修了。同年、大成建設株式会社に入社、建築の施工管理業務に従事し、2000年、同社を退職。2001年より日本大学において耐震設計法に関する研究に取り組み、2011年に博士（工学）を取得。2013年より昭和女子大学や日本女子大学など、複数の大学においてコンクリート構造をはじめとする建築の構造、施工、実験に関する科目の非常勤講師を務め、2022年より国士舘大学准教授に着任、現在に至る。

●取得資格

博士（工学）、一級建築士、1級建築施工管理技士、コンクリート技士など

●主な著書

「住まいの百科事典」（共著、日本家政学会）など

参考文献

一般社団法人　日本規格協会：JISハンドブック 8-1 建築 I-1(材料・設備) 2023,2023

一般社団法人　日本規格協会：JISハンドブック 9-1 建築 II-1(試験) 2023,2023

一般社団法人　日本建築学会：建築工事標準仕様書・同解説 JASS5 鉄筋コンクリート工事2022,2022

一般社団法人　日本建築学会：コンクリートの調合設計指針・同解説,丸善出版株式会社,2015

公益社団法人　土木学会：2017年制定　コンクリート標準示方書［施工編］,2018

公益社団法人　土木学会：2018年制定　コンクリート標準示方書［規準編］,2018

公益社団法人　日本コンクリート工学会：コンクリートの基礎知識, https://www.jci-net.or.jp/j/concrete/kiso/index.html,2023

一般社団法人　日本建築学会：建築材料実験用教材,2000

一般社団法人　日本建築学会：建築材料用教材,2013

一般社団法人　日本建築学会：構造用教材,2014

装　　丁　　小口翔平＋青山風音（tobufune.jp）
Ｄ　Ｔ　Ｐ　　株式会社明昌堂

建築土木教科書

コンクリート技士 合格ガイド 第2版

2018年　8月28日　初　版　第1刷発行
2023年　10月23日　第2版　第1刷発行

著　　者　　小久保彰
発 行 人　　佐々木 幹夫
発 行 所　　株式会社 翔泳社（https://www.shoeisha.co.jp）
印 刷 製 本　　株式会社 ワコー

ISBN978-4-7981-7522-5　　　　　　　　　　Printed in Japan